压力容器目视检测技术丛书

压力容器目视检测技术基础

王纪兵　著

中国石化出版社

内 容 提 要

本书根据TSG R7001—2010中目视检测的相关内容，详细介绍了压力容器目视检测的内容和目视检测的方法。本书可作为压力容器各级检验人员的培训教材，同时也可供压力容器操作人员和管理人员参考。

图书在版编目(CIP)数据

压力容器目视检测技术基础/王纪兵著.
—北京:中国石化出版社,2012.6
(压力容器目视检测技术丛书)
ISBN 978-7-5114-1552-3

Ⅰ.①压… Ⅱ.①王… Ⅲ.①压力容器-检测-基本知识 Ⅳ.①TH490.66

中国版本图书馆CIP数据核字(2012)第108342号

中国石化出版社出版发行
地址:北京市东城区安定门外大街58号
邮编:100011 电话:(010)84271850
读者服务部电话:(010)84289974
http://www.sinopec-press.com
E-mail:press@sinopec.com
北京科信印刷有限公司印刷
全国各地新华书店经销

*

850×1168毫米32开本3.625印张89千字
2012年7月第1版 2012年7月第1次印刷
定价:15.00元

前　言

目前，我国压力容器检验人员分为检验员、检验师和高级检验师三级，其考核、培训也按此体系进行。在压力容器检验人员的培训中，各级培训机构均比较重视与压力容器有关的理论知识培训，例如设计、制造、焊接、腐蚀、安全附件等，但忽视了如何有效并且可靠地进行压力容器检验的程序和各检验环节的操作方法的培训。检验人员经过培训后，对压力容器检验所需要的综合知识以及对相关法规的熟悉程度会得到很大提高，但是对于压力容器的检验程序、检验技术和方法的掌握提高的并不明显。

在压力容器检验人员的培训中，对作为压力容器检验中最基本的目视检测技术与方法同样没有给予足够的重视。针对这一现象，我们组织编写了《压力容器目视检测技术丛书》，包括《压力容器目视检测技术基础》、《压力容器目视检测评定》以及《压力容器目视检测缺陷分析》，结合相关法规、标准的要求，详细描述压力容器目视检测的技术基础和方法，目视检测中缺陷的合格标准、缺陷成因以及缺陷评级，论述评定缺陷对容器使用安全性的影响，提出缺陷的解决方案。

《压力容器目视检测技术基础》是丛书中的第一本，本书根据TSG R7001—2010《压力容器定期检验规则》中目视检测的相关内容，介绍了压力容器宏观检验对检验人员的要求，展开论述了压力容器目视检测的内容和目视检测的方法，对压力容器的目视检测进行分析和说明。通过本书对压力容器目视检测的讲解，解决压力容器宏观检验的方法问题，即通过对本书的学习，使检验人员能够掌握对目视检测的要求、目视检测的基本技术和方法以及目视检测的标准，从而提高检验人员发现缺陷、识别缺陷、准确地记录缺陷并能够再现缺陷的能力。

本书采用深入浅出、图文并茂的方式详细说明了对压力容器目视检测有关的要求、法规及标准，可作为压力容器各级检验人员的培训教材，同时也可作为压力容器相关专业的参考书，供压力容器操作和管理人员参考使用。

压力容器检验的重要性毋庸置疑，目视检测又是压力容器检验中最重要的检测方法，而目前还没有一本专门论述压力容器目视检测的专著。本书凝聚了著者从事压力容器近30年的经验，包括了理论知识和相关的背景知识。本书的出版正是为了满足广大检验工作者的需求，使检验工作者不再局限于自己的专业知识，能够博采众家之长，有效地提高检验质量，同时也适用于从事压力容器的制造、使用、管理的人员对压力容器的相关检测知识有一个较系统的了解。

本书的编写得到了李军、党兆凯、张玉神、侍吉清等人的帮助，杨栋为本书绘制了大量的插图，《石油化工设备》编辑部的杜金绳先生为本书做了大量的编辑和校对工作，著名压力容器专家寿比南先生欣然接受了作为本书审稿专家的邀请。在这里本人表示深深的谢意。

由于编者知识局限、时间仓促，书中难免有谬误欠妥之处，敬请广大读者批评指正。

目　录

1 概 论

1.1 目视检测

目视检测（Vision Testing，VT）是无损检测（Nondestructive Testing，NDT）领域中采用的第一个无损检测方法，也是最后一个被承认的常规无损检测方法。在许多应用领域中，它往往是首先使用的检测方法。顾名思义，目视检测就是用肉眼观察的方法进行检查。它操作简单，易于实施。在压力容器检验中，它是宏观检验项目中最基本的也是最重要的检测方法。在相关法规规定的宏观检验中，绝大部分检查内容是由目视检测来完成的。在压力容器检验中，目视检测的缺陷检出率相当高，对隐患的发现率是所有检测手段中最高的。因此，目视检测是压力容器检验中最重要的检验手段。但在目前压力容器的检验培训体系中，目视检测一直得不到足够的重视。

实际上，对于在用压力容器，最基本的检验就是目视检测。通过目视检测对一台在用压力容器的每个部位进行详细观察，就能获得大量的关于其安全状况的信息。

压力容器的目视检测有四个要素，即：要看哪些部位（Where）？看什么（What）？怎么看（How）？记录（Record）。对在用压力容器的目视检测中，只要解决好这四个问题，就可以提供足够的检验信息，高级检验人员可根据这些信息来判断容器的安全状况，从而选择进一步的无损检测方法进行补充检验。

1.2　压力容器检验

压力容器的使用涉及国民经济和人民生活的各个方面，涉及包括航空、航天、核工业、石油、化工、交通、纺织、造纸以及公用工程等众多领域。大到压力高达数百兆帕的反应容器、核容器及容积达 10 000m³ 的储存容器，小到医院用的蒸煮锅及家庭使用的液化气罐，目前我国拥有压力容器数百万台，保证其稳定安全使用对国民经济的发展非常重要。图 1 – 1 ~ 图 1 – 4 是几种典型压力容器的照片。

压力容器的检验在防止恶性事故的发生，保证人民生命财产安全方面的作用是巨大的。一次压力容器的爆炸事故所带来的损失是千百次检验的费用所无法弥补的。因此可以说，压力容器的安全使用既是人民生命财产安全的保证，也是企业经济效益的保证。而压力容器的定期检验，是保证压力容器安全运行最有效的手段之一。

图 1 – 5 是发生压力容器事故的现场照片，图 1 – 6 是压力容器爆破后的照片。

图 1 – 1　球形储罐图

图 1 – 2　分离器

图 1 – 3　塔器

图 1 – 4　缓冲罐

(a)

(b)

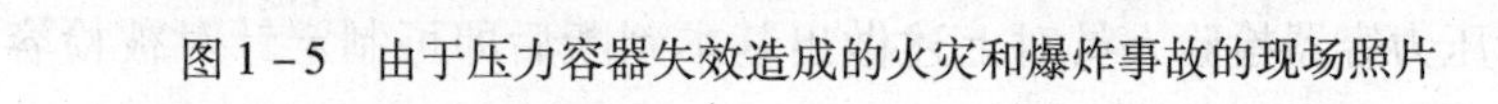

图 1 – 5　由于压力容器失效造成的火灾和爆炸事故的现场照片

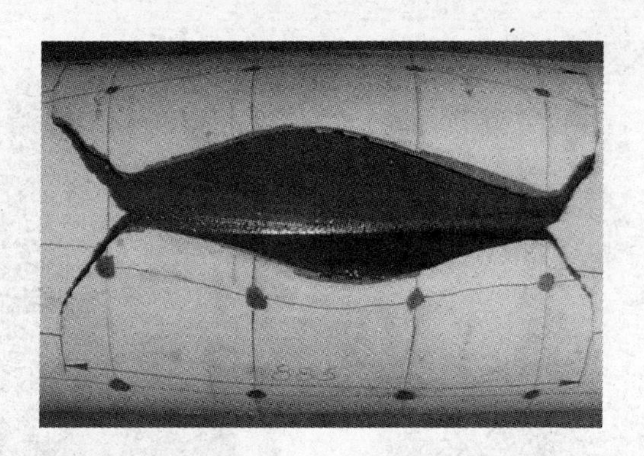

图 1－6　压力容器爆破后的照片

目前国内压力容器检验主要遵循的法规是 TSG R7001—2010《压力容器定期检验规则》。TSG R7001—2010《压力容器定期检验规则》中明确规定：压力容器的定期检验以宏观检验为主。在压力容器的现场检验工作中，宏观检验是第一道检验工序，是最关键的检验环节，也是对检验人员技术水平要求最高的检验项目。宏观检验中最重要的检查方法就是目视检测。法规中宏观检验要求的检查项目基本上都是目视检测内容。

现场检验时，检验人员在通过对所检验的压力容器的资料审查，对其使用状况和失效机理有所掌握后，再对压力容器整体进行目视检测，同时对重点部位实施重点检测。通过目视检测，压力容器检验人员应对以下几个方面做出判断：

（1）压力容器的有关资料是否与实际相符？

（2）压力容器的制造质量如何？

（3）压力容器的使用状况如何，使用中有无对压力容器的直接损害？

（4）被检压力容器在后续检验工序中应该重点检验哪些方面？

（5）目视检测的缺陷是否影响压力容器的安全使用？

压力容器检验人员对上述做出基本判断后即可制定针对被检容器的进一步检验计划。

2 目视检测

目视检测（VT）的应用领域非常广泛，它的核心技术就是观察和测量。各个领域中需要观察的目的物不同，需要发现的缺陷也不一样，但是在每一个应用领域中，目视检测往往是最重要的检测方法，同样道理，在压力容器检验中，目视检测是最基本的也是最重要的检测方法。

本章主要介绍与压力容器有关的目视检测标准、压力容器目视检测的辅助设备以及压力容器目视检测的记录要求。

2.1 压力容器目视检测的相关标准

2.1.1 相关标准

目前，压力容器目视检测的标准主要有：ASME 第Ⅴ卷无损检测、JB/T 4730.7—2011《承压设备无损检测 第7部分：目视检测》。

ASME 第Ⅴ卷无损检测中的第九章规定了目视检测规程的编写要求、目视检测人员的资格要求、目视检测的检查条件要求等内容。

JB/T 4730.7—2011《承压设备无损检测 第7部分：目视检测》中对目视检测的检测人员、检测工艺规程、检测器材、检测方法和技术、结果评价、记录和报告等方面做出了相应的规定。

2.1.2 相关标准对目视检测的要求

2.1.2.1 目视检测人员的视力

ASME 第Ⅴ卷无损检测中第九章要求：检测中的观察距离不大于610mm时检验人员能够发现0.8mm的人工缺陷，且与被检表面的夹角不小于30°。

JB/T 4730.7—2011《承压设备无损检测 第7部分：目视检测》

中要求目视检测人员至少有一只眼睛的未经矫正或经矫正的近（距）视力和远（距）视力应不低于5.0（小数记录值为1.0），测试方法应符合 GB 11533—2011《标准视力对数表》的规定。检测人员应每12个月检查一次视力，以保证正常的或正确的近距离分辨能力。

如果检测结果对辨别颜色有特别要求，经合同各方同意，检测人员宜补充色力测试，以保证必要的色辨力。

图2－1是常用的视力检查表。

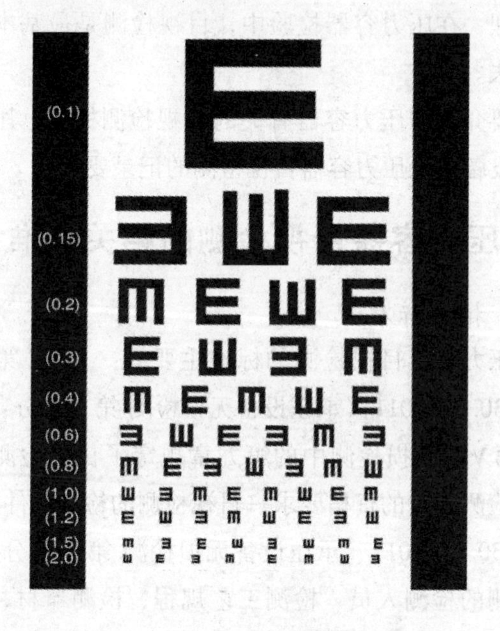

图2－1　视力表

2.1.2.2 目视检测工艺规程

为了保证目视检测的科学性、准确性和有效性，在目视检测前应编制目视检测工艺规程，并验证检测工艺规程。目视检测工艺规程按 JB/T 4730.7—2011《承压设备无损检测 第7部分：目视检测》中4.3.1节的要求制定，目视检测工艺规程应包括如下内容：

(1) 目视检测工艺规程的适用范围；

（2）目视检测工艺规程的引用标准、法规；

（3）目视检测人员的资格；

（4）目视检测器材；

（5）被检件、位置、可接近性和几何形状；

（6）目视检测的覆盖范围；

（7）被检表面结构情况；

（8）被检表面照明要求；

（9）目视检测的时机；

（10）目视检测技术；

（11）目视检测结果的评定；

（12）目视检测记录、报告和资料存档；

（13）目视检测工艺规程编制（级别）、审核（级别）和批准人员；

（14）目视检测工艺规程的编制日期。

制定目视检测工艺规程后应采用验证试样对其进行验证。验证试样可含有一条宽度小于或等于 0.8mm 的细线或其他类似的人工缺陷。验证试样应放在被检件表面或光照条件、表面结构、反差比和可接近性等方面与被检件相似的表面，且最好放在被检区域中最难以观察到的部位。在实际检测工作中，验证试样可用 0.7mm 的铅芯在被检试样表面划一道长度小于 5mm 的短线，用来验证检测工艺规程，如果通过，则符合标准的要求。这个办法简便、易行，在检验现场尤其适用。

当检测技术、观察方法、表面情况、光照条件或验证试样等对检测灵敏度有严重影响的因素发生改变时，工艺规程应重新进行验证。

初级检验人员应按已有的检测工艺规程进行检测工作。如果在实施检测中发现实际情况与规程中的规定有差异，需要考虑对工艺规程重新进行验证。ASME 第Ⅴ卷中第九章中的表 T－921 对检测工艺规程中的要素进行了目视检测的主要元素和非主要元素界定（见表2－1）。如果主要元素发生变化，工艺规程应重新进行验证。

表2－1　目视检测的主要元素和非主要元素

表T－921 目视检验规程的要求		
要求（适用的话）	主要元素	非主要元素
采用技术的变化	×	
直接或间接观察	×	
直接遥控观察	×	
目视遥控辅助器材	×	
人员要求（当有要求时）	×	
光照强度（仅减小时）	×	
基本材料生产方式（管、板、锻件等）和被检验的形状		×
光照设备		×
表面制备用的方法或工具		×
直接目视技术所用的设备或仪器检验顺序		×
人员资格鉴定		×

2.1.2.3 直接目视检测

直接目视检测时，应使眼睛能够与被检件表面达到最佳的距离和角度。检测时眼睛与被检件表面的距离不超过600mm，且眼睛与被检件表面所成的夹角不小于30°。图2－2是眼睛与被检件表面距离及所成的夹角示意图，图中的角度α不得小于30°，图中的距离δ不得大于600mm。如果现场条件不能满足这一要求，所做的检测按标准属无效检测，检测结果仅供参考。

在现场条件受到限制时，直接目视检测可以采用反光镜改善观察的角度，并可借助放大镜来分辨细小缺陷。图2－3是反光镜的使用示意图。

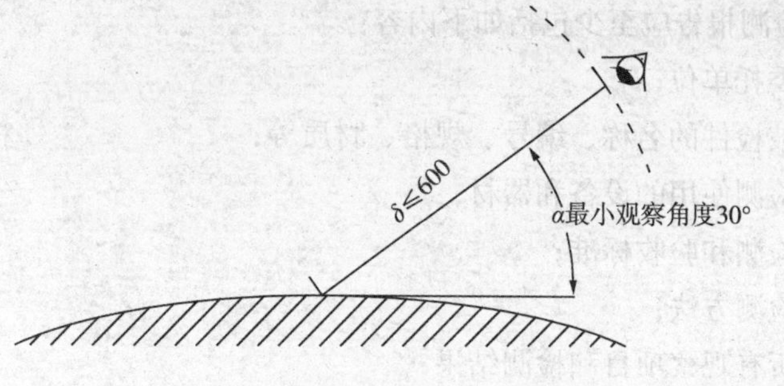

图 2 – 2　目视检测距离及夹角示意图

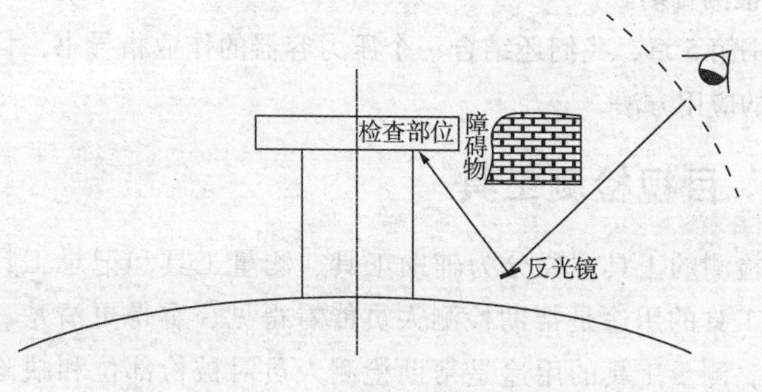

图 2 – 3　反光镜的使用示意图

直接目视检测的区域应有足够的照明条件，被检件表面至少要达到 500 lx 的照度，对于必须仔细观察或发现异常情况并需要作进一步观察和检测的区域则至少要达到 1000 lx 的照度。

为达到最佳检测效果，应采取以下照明条件：

（1）使照明光线方向相对于观察点达到最佳角度；

（2）避免表面眩光；

（3）优化光源的色温度；

（4）使用与表面反射光相适应的照度级。

2.1.2.4 检测记录和报告

目视检测人员应按目视检测工艺规程的要求记录检测数据或信息，并按相关法规、标准和（或）合同要求保存所有记录。

目视检测报告应至少包括如下内容：

（1）委托单位；

（2）被检件的名称、编号、规格、材质等；

（3）检测使用的设备和器材；

（4）检测和验收标准；

（5）检测方法；

（6）所有观察项目和检测结果；

（7）检测人员和责任人员签字及其技术资格；

（8）检测日期。

在本书第5章，我们还结合一个压力容器的作业指导书，详细说明标准的应用方法。

2.2 目视检测工具

目视检测的工具主要分为辅助工具、测量工具和记录工具三类。辅助工具的用途是帮助检测人员能看得见、看得更清楚、测得更准确。测量工具的用途是帮助检测人员对被检部位和缺陷的尺寸进行测量。记录工具则是用来帮助检测人员对发现的缺陷进行记录。

2.2.1 测量工具

常用的目视检测测量工具如下：

（1）直尺

（2）卷尺

（3）游标卡尺

（4）深度尺

（5）焊缝检查尺

（6）塞尺

（7）激光测距仪

（8）全站仪

2.2.2 辅助工具

（1）放大镜　对于检验人员来说，放大镜是最基本的检验工具之一，它能够放大受检部位，放大所看到的缺陷或物体，帮助我们看得更清楚。对于压力容器目视检测来说，放大镜的适宜放大倍数为5。实际检验的经验证明，放大倍数太大的放大镜会影响检验人员对缺陷的观察，不利于目视检测。此外，放大镜的尺寸也不宜太大，否则携带不方便。

放大镜的质量差异很大，比较好的放大镜看起来很舒服。很多老检验员选定一把好的放大镜后都终生随身带着，成了他们的职业伴侣。

（2）光源　没有一定照度的光线，目视检测是无法进行的。常用的照明工具（光源）有投影灯（也就是安全行灯，由于有一个手把，所以俗称手把灯）、手电筒、头灯等。投影灯的电源电压都在24V以下，在有限空间中使用比较安全，在压力容器检验中使用最多。手电筒因其小巧、携带方便而为检验员所青睐。现在的手电筒制做越来越精，体积更小，亮度更高，也成为检验员随身携带的检测工具。头灯的优点是使用中不占手，检测时可以双手进行测量工作。

（3）手锤　在检验工作中，经常需要去除受检表面的附着物，比如锈皮、污垢等。进行此类检验常用的工具是0.5kg尖头手锤。检验用的手锤最好是一头扁，一头尖。尖的一头可用于清理缝隙中的污物。也有的检验人员喜欢随身携带尖头小锉刀，在五金店中叫什锦锉，也可用于清理受检表面。

（4）反光镜　在检查某些结构件的被遮挡部分时，可利用反光镜帮助检查。牙镜因其小巧、携带方便，并可大范围调节角度而应用较多。

（5）望远镜　有些容器比较高，有些部位无法近距离观察，尤其是在压力容器的年度检查中，一般不搭设检验用脚手架，可选用望远镜作为检测辅助工具。

(6) 内窥镜　目前，在压力容器检验中经常使用视频电子内窥镜。它是一种集光、机、电一体的腔体内部质量检查、探测、分析的目视检测辅助检测仪器。视频电子内窥镜采用先进的高分辨数字式彩色 CCD 光电耦合器件，影像清晰、逼真。其高亮度的 LED 照明光源避免了长距离传输亮度的衰减，可保证视频内窥镜检查时为被检部位提供足够的光线。

使用视频电子内窥镜可以实现对压力容器内部或接管内部进行实时检查，其高清晰的画面，广阔的观察视角，可极大地提高检测质量，减轻操作者的工作强度。视频内窥镜采用的数字化图像处理系统可与计算机连接实现对图像的存储、记录等功能，更加方便对文件进行存档、分析。

(7) 扁铲或刮刀　扁铲或刮刀可用来清理被检表面比较坚硬的附着物。

(8) 测量样板　测量样板是用于辅助测量某些部位的特定尺寸的辅助工具，例如焊接接头的错边量和棱角度、椭圆封头的成形等。测量样板可根据需要现场制作。

2.2.3　记录工具

除了钢笔、炭素笔及纸张以外，常用的目视检测记录工具还有以下几种：

(1) 照相机　现在数码相机已相当普及，在记录中如果配以数码照片，则能更清楚地反映缺陷。

(2) 透明胶带　用透明胶带可以将裂纹、咬边、弧坑、蚀坑等缺陷的表面形状完整地复制下来。与照相机相比，用它复制的缺陷不存在变形和尺寸放大或缩小等问题。同时又有制备方便、不受光线限制等优点。

(3) 橡皮泥　用橡皮泥可以将内凹或凸起的缺陷形状完全复制下来。

（4）粉笔、石笔、记号笔　粉笔、石笔和记号笔的作用是一样的，它们的用途是在检测中对发现的缺陷进行标记。在检验中相当多的缺陷并不易发现，发现后及时进行标记可大幅提高检测效率。在大型容器的检验中，受检部位的编号也是很重要的，标记编号时也会用到这些工具。

2.3　目视检测的准备工作

目视检测是压力容器检验中的一个环节，应该按 TSG R7001—2010《压力容器定期检验规则》的规定做好检验前的准备工作。

TSG R7001—2010《压力容器定期检验规则》第十五条对压力容器定期检验前的准备工作做出了以下规定：

定期检验前，使用单位应当做好有关的准备工作。检验前，现场应至少具备以下条件：

（一）影响检验的附属部件或者其他物体，按检验要求进行清理或者拆除；

（二）为检验而搭设的脚手架、轻便梯等设施必须安全牢固（对离地面 3m 以上的脚手架设置安全护栏）；

（三）需要进行检验的表面，特别是腐蚀部位和可能产生裂纹性缺陷的部位，必须彻底清理干净，母材表面应当露出金属本体，进行磁粉、渗透检测的表面露出金属光泽；

（四）需要进行开罐检验的压力容器，内部介质必须排放、清理干净，用盲板隔断所有液体、气体或者蒸汽的来源，同时设置明显的隔离标志。禁止用关闭阀门代替盲板隔断；

（五）需要进行开罐检验的盛装易燃、助燃、毒性或者窒息性介质的压力容器，使用单位必须进行置换、中和、消毒、清洗，取样分析，分析结果必须达到有关规范、标准的规定。取样分析的间隔时间，应当在使用单位的有关制度中做出规定。盛装易燃介质的，严禁用空气置换；

（六）人孔和检查孔打开后，必须清除可能滞留的易燃、有毒、有害气体；压力容器内部空间的气体中氧体积分数应当在18%～23%之间。必要时，还应当配备通风、安全救护等设施；

（七）高温或者低温条件下运行的压力容器，按照操作规程的要求缓慢地升温或者降温，使之达到可以进行检验工作的程度，防止造成伤害；

（八）能够转动的或者其中有可动部件的压力容器，应当锁住开关，固定牢靠。移动式压力容器检验时，应当采取措施防止移动；

（九）切断与压力容器有关的电源，设置明显的安全标志；检验照明用电不超过24V，引入压力容器内的电缆应当绝缘良好，接地可靠；

（十）如果需现场射线检测时，应当隔离出透照区，设置警示标志；

（十一）检验时，应当有专人监护，并且有可靠的联络措施；

（十二）检验时，使用单位压力容器管理人员和相关人员到场配合，协助检验工作，负责安全监护。

TSG R7001—2010《压力容器定期检验规则》第十六条规定，存在以下情况时，应当根据需要拆除压力容器外隔热层：

（一）压力容器外表面无可靠的防腐蚀措施；

（二）隔热层有破损、失效的；

（三）有隔热层下腐蚀和外表面开裂可能性的；

（四）无法进行压力容器内部检查，需要外壁检查或者从外壁进行内部检测的；

（五）检验人员认为有必要的。

TSG R7001—2010《压力容器定期检验规则》第十七条规定，检验前，检验机构应当结合现场实际情况，进行危险源辨识，对检验人员进行现场安全教育，并且保存教育记录。

TSG R7001—2010《压力容器定期检验规则》第二十条规定，

检验人员应当执行使用单位有关动火、用电、高空作业、罐内作业、安全防护、安全监护等规定，确保检验工作安全。

在检验中最重要的是保证检验员的自身安全，TSG R7001—2010《压力容器定期检验规则》中第十五条中的（二）、（四）、（五）、（六）、（七）、（八）、（九）、（十）、（十一）、（十二）和第十七条、第二十条的内容都与保护检验人员的人身安全有关，为了强调保护检验人员的人身安全，在此将其归纳列于表2－2。

表2－2　压力容器检验前的安全准备工作表

序号	检验前的准备项目	检查方法	确认见证
1	排空、清洗、置换	气体检测、化验	办理工作票
2	切断	检查所有连接	检查盲板
3	高空作业条件	检查作业现场和安全防护用具	办理高空作业票
4	用电安全	检查电源、导线	办理用电作业票
5	安全标识	检查相关标识	
6	监护	安排监护人员	
7	危险源辨识	检查、判断	HSE 作业指导书

另外，进入非金属衬里压力容器或有特殊要求的压力容器内部的检验人员应穿软底鞋，检验人员的衣服不能带有金属等硬质物件。检验人员和检测工具进入设备前，容器内表面应当利用软质材料进行有效防护，所有检测设备不允许直接放置在容器内表面上。

2.4　目视检测基本技术方法

2.4.1　常规目视检测

通常目视检测采用肉眼观察，也可辅以手电筒、5～10倍放大镜、反光镜、内窥镜。肉眼能够迅速扫视大面积范围，并且能够察觉细微的颜色和结构的变化。在容器内部进行检查时，辅助灯光照明是必须的检验条件，最常用的照明工具是手电筒。用手电筒照明时，除了直接照射被检表面外，还应采用手电筒贴着容器表面平行照射的照明方法进行观察，此时容器表面的微浅坑槽也能清楚地显示出来，鼓包和变形的凹凸不平现象能够看得更加清楚，即使是表面裂纹也可能显现出黑色的线痕。应当指出，如果使用无聚光作用的电灯照明，检验人员应考虑其散光对观察的影响。图2－4是平行照射照明方法检测示意图。

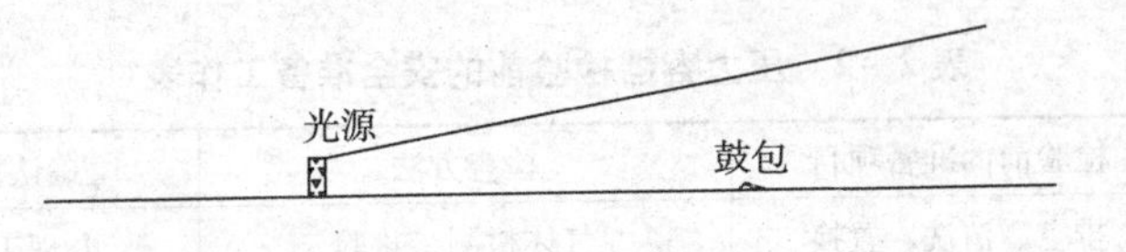

图2－4　平行照射照明方法检测示意图

当怀疑容器表面有裂纹时，可用砂布将被检部位打磨干净，然后用体积浓度为10%的硝酸酒精溶液将其浸润，擦净后用5～10倍放大镜进行观察。

当容器表面的防腐层、隔热层、耐火隔热层、衬里或夹套等妨碍检查时，如果需要，应部分或者全部拆除后再进行目视检测。

无论目视检测技术多么高超，将被检容器的各个部分都仔细地看到总是最重要的。不论什么样的缺陷，不去看都是发现不了的。所以检验人员从事目视检测最基本的要求就是将容器的每一寸都看到。

2.4.2　灯光辅助目视检测

当被检查的部位比较狭窄（例如气瓶、直径小且较长的管壳式换热器或其他容器），无法直接观察时，可以利用反光镜或内窥镜伸入容器内进行检查。内窥镜通常有软管和硬管两种，可以有不同的长度，其头部有一凸镜，可将被检部位放大，利用光导纤维将光线传到头部，有的还可进行照明。

2.4.1节所描述的平行照射照明检测也是灯光辅助检测的一种。

2.4.3 触觉辅助检测

对具有手孔或有较大接管而人又无法进到容器内用肉眼检查的小容器，可将手从手孔或接管口中伸入，触摸容器的内表面，检查内壁是否光滑，有无凹坑、鼓包。根据标准要求，触觉辅助检测属于无效检测，因此在发现容器内部有异常时，应使用内窥镜进行检测。

必须注意的是，检验人员在实施触觉辅助检测时，一定要确认容器表面没有附着对皮肤有伤害作用的物质。在触摸容器表面时，要轻轻地接触，避免容器上存在的尖锐缺陷划伤手指。

2.4.4 量具检测

采用常规量具（直尺、卷尺、塞尺、游标卡尺等）测量容器各部分的尺寸以及缺陷的大小、面积、深度和位置等（包括用拉线或量具检查容器的结构尺寸）。例如，对不能进入其内部的圆柱形容器，用钢卷尺紧贴容器筒体外壁同一截面一周可测得其周长，根据圆周长的计算公式利用已测得筒体的外圆周长和筒体的实际壁厚值可计算出筒体的内直径，通过对容器筒体长度上不同截面内直径的测量和计算并进行比较可以求得筒体的内径偏差。对可以进入其内部的圆柱形容器，测量筒体同一断面不同方位处的直径，可以求得该断面的最大和最小直径，计算二者之差即为该断面筒体的圆度。在壳体的两端面通过按中心线水平面为基准确定的沿圆周0°、90°、180°、270° 四个方位，在壳体两端面间用0.5mm的细钢丝绳即可测量壳体的直线度。测量的位置离壳体纵焊缝的距离不少于100mm，当壳体厚度不同时，计算直线度时应减去厚度差。

用平直尺紧靠容器、管板等的表面，用游标卡尺或塞尺检查容器的平直度、腐蚀、磨损、鼓包的深度（高度），管板的不平度等。

用专用量具（焊缝检查尺等）测量焊接后的焊缝宽度、焊缝余高和角焊缝厚度等。

2.4.5 焊缝检验尺

焊缝检验尺主要由主尺、高度尺、咬边深度尺和多用尺组成，如图2-5所示，用来检查焊缝的各种坡口角度、高度、宽度、间隙和咬边深度。在压力容器宏观检查中经常用它来检查焊缝表面尺寸。图2-6是焊缝检验尺照片。

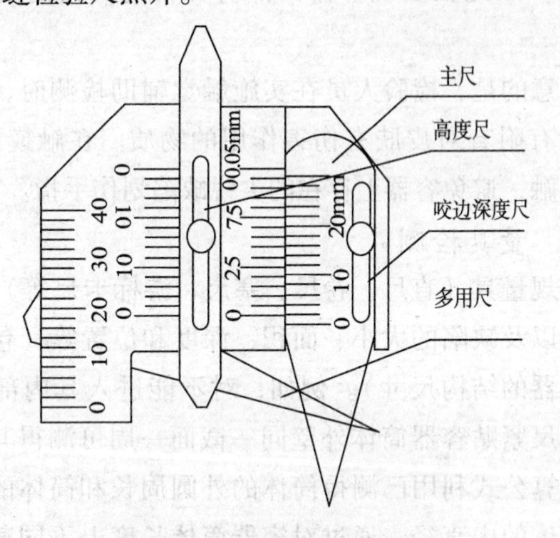

图2-5　焊缝检验尺示意图

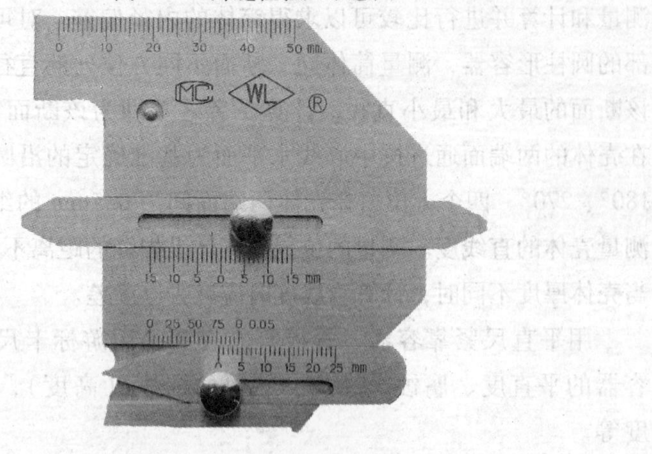

图2-6　焊缝检验尺照片

焊缝检验尺在压力容器宏观检测中主要有以下使用方法：

（1）测量平面焊缝高度　首先把咬边深度尺寸对准0位，并紧固螺钉，然后滑动高度尺与焊缝最高点接触，高度尺的示值，即为焊缝高度，见图2－7。

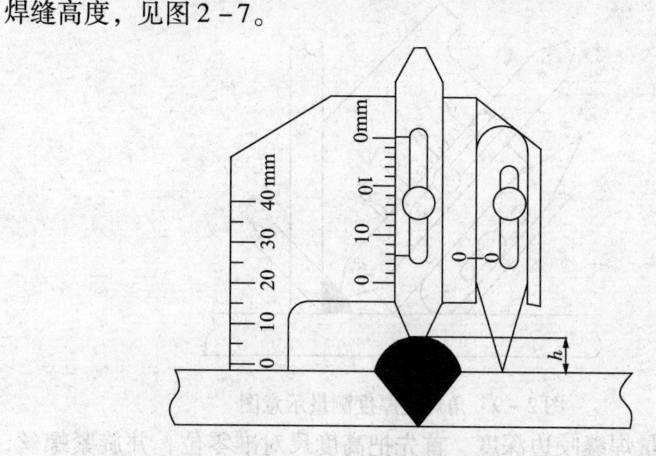

图2－7　焊缝高度测量示意图

（2）测量角焊缝高度　　用该尺的工作面靠紧焊件和焊缝，并滑动高度尺使其与焊件的另一边接触，看高度指示线，指示值为角焊缝高度，见图2－8。

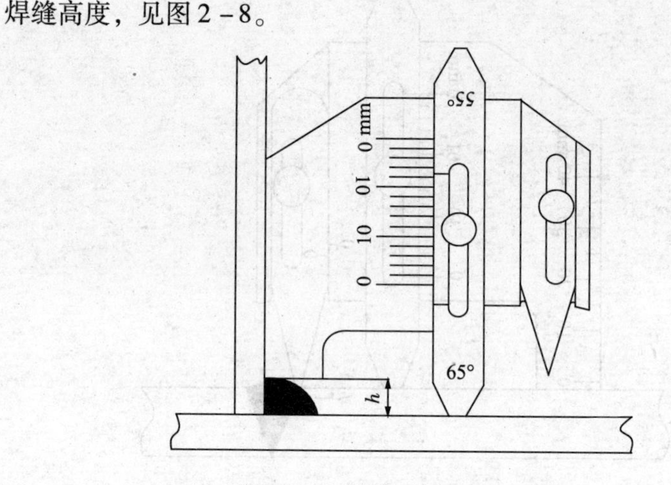

图2－8　角焊缝高度测量示意图

（3）测量角焊缝厚度　在45°时的焊点为角焊缝厚度。首先把主体的工作面与焊件靠紧，并滑动高度尺与焊点接触，高度尺所指示值为焊缝厚度，见图2－9。

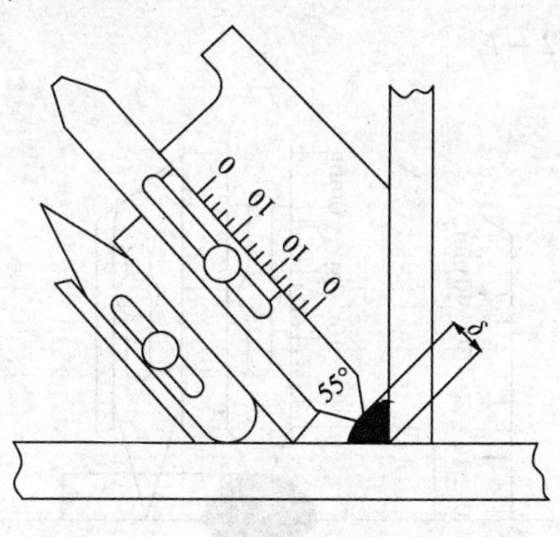

图2－9　角焊缝厚度测量示意图

（4）测量焊缝咬边深度　首先把高度尺对准零位，并旋紧螺丝，然后使用咬边尺测量咬边深度，看咬边尺指示值，即为咬边深度，见图2－10。

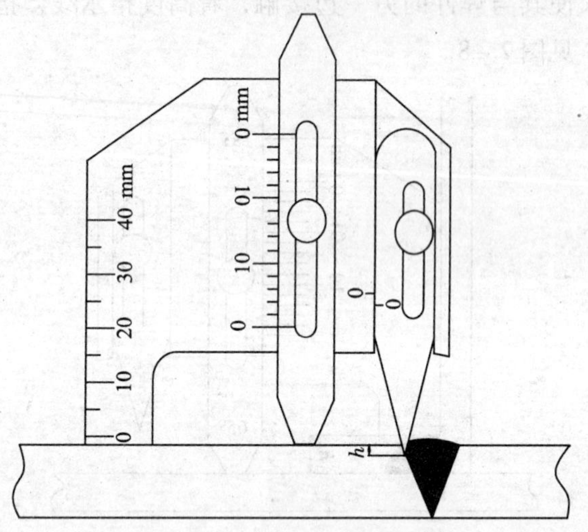

图2－10　焊缝咬边深度的测定

（5）测量焊缝宽度　先用主体测量角靠紧焊缝的一边，然后旋转多用尺的测量角靠紧焊缝的另一边，看多用尺上的指示值，即为焊缝宽度，见图 2－11。

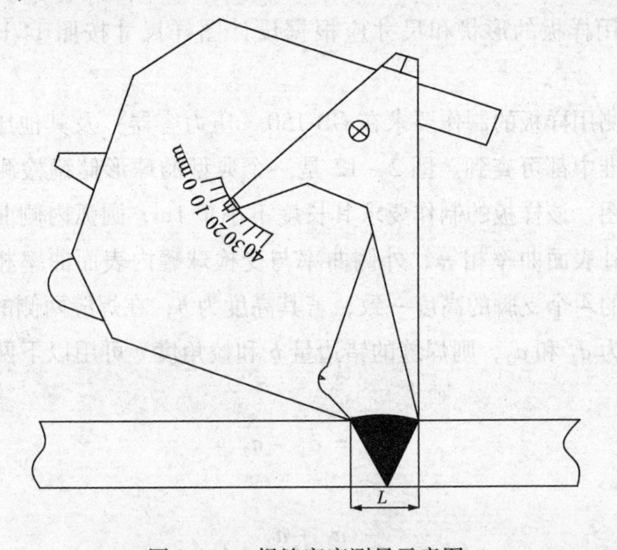

图 2－11　焊缝宽度测量示意图

2.4.6　样板检测

样板检测的目的是检测各类封头的形状和其他成形件的形状以及筒体的棱角度和各种变形。样板具有与工件轮廓相反的测量边，测量时将测量边与工件轮廓面相结合，根据两者之间的间隙来决定其精度。样板可以根据被检验轮廓的形状要求制造。使用样板检测，具有操作方便，简单易行，效率高，能同时检验尺寸、形状和位置误差等优点。

压力容器及其零部件的形状和几何尺寸检测所用样板的制造比较简单、容易。但由于其用途和形式不一，要求也不尽一致。无论形状如何，设计、制造样板时，要根据下述原则确定样板的型面（测量面）形状。

样板可用不锈钢板、钢板、胶合板、样板铁皮等制成，在在役压力容器的检验中，由于样板经常只用一次，所以一般采用各种纸张制作样板检验压力容器部件的形状和尺寸是否符合图样设计要求。所用样板的形状和尺寸应根据设计图样尺寸按照 1∶1 的比例制作。

检测用样板的制作要求在 GB 150《压力容器》及其他压力容器制造标准中都可查到。图 2－12 是一个典型的球形储罐检测样板使用示意图，该样板的制作要求其长度不小于 1m，圆弧内侧曲率与受检球罐外表面曲率相等，外侧曲率与受检球罐内表面曲率相等。样板两端的 4 个支脚的高度一致，若其高度为 h，在焊缝两侧的测量高度分别为 a_1 和 a_2，则焊缝的错边量 b 和棱角度 c 可用以下两个公式确定：

$$b = a_1 - a_2 \tag{2-1}$$

$$c = \frac{a_1 + a_2}{2} - h \tag{2-2}$$

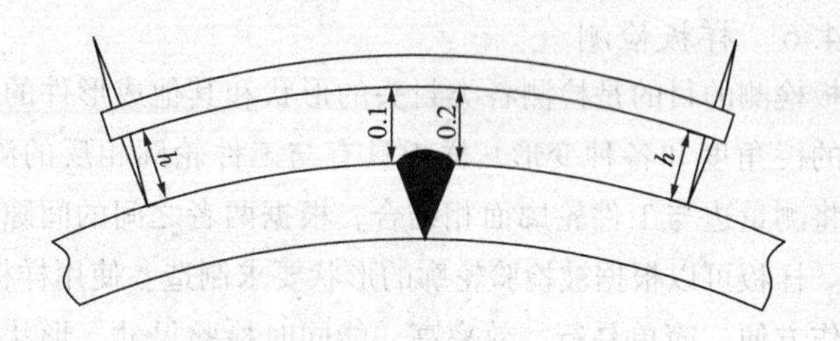

图 2－12　球罐焊缝检测样板测量示意图

常用的压力容器检测样板有以下几种：

（1）A 类焊接接头检验样板　A 类焊接接头检验样板用于检验和测量筒体 A 类焊接接头的对口错边量、焊缝余高等（包括球形储罐球壳板对接焊缝）。A 类焊接接头检验样板分为外弓形样板和内弓形样板两种，见图 2－13。

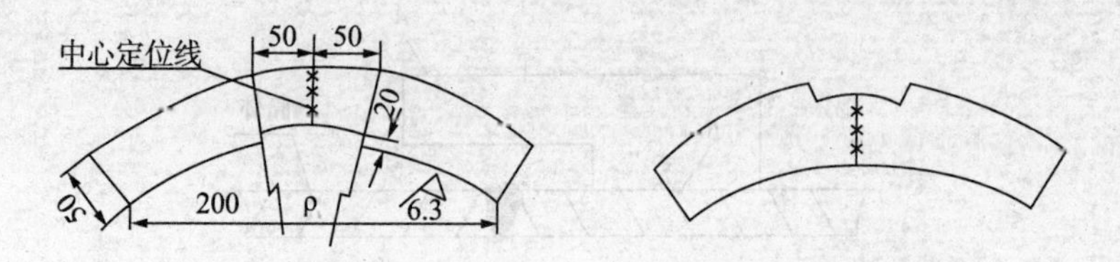

（a）外弓形样板　　　　（b）内弓形样板

图 2-13　A 类焊接接头检验样板

测量焊接接头的对口错边量时，应将样板的中心定位线对准焊缝中心，用深度游标卡尺在焊缝边缘处测量样板边缘到筒体表面的距离，两侧之差即为错边量。

（2）B 类焊接接头检验样板　压力容器筒体的 B 类焊接接头的对口错边量、焊缝余高等可以用焊接检测尺检查、测量。因尺寸和结构的原因，用焊接检测尺无法进行检测时，则要采用 B 类焊接接头检验样板，见图 2-14。

该样板的上、下两个平行面 A、B 为测量基准。检测时，B 面与工件表面紧贴，A 面作为测量面，并配合深度游标卡尺、金属直尺或钢卷尺进行检测（见图 2-15）。

（3）焊接接头环向棱角检验样板　在焊接接头环向形成的棱角 E 用弦长等于 1/6 内径，且不小于 300mm 的内样板和外样板检验、测量。焊接接头环向棱角检验样板见图 2-16 和图 2-17。

棱角向内壁凸出，用外样板检测；棱角向外壁凸出，用内样板检测。

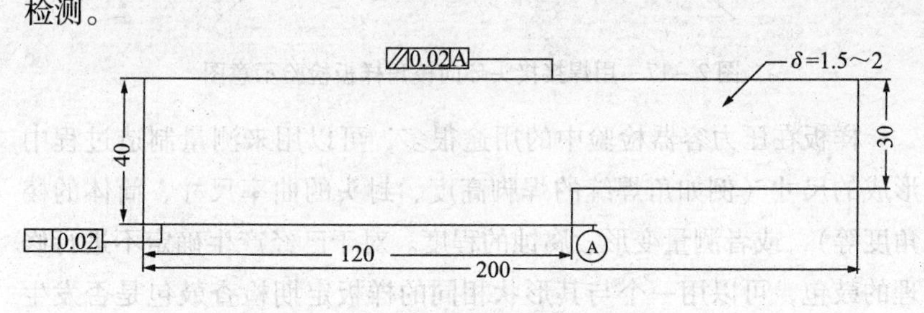

图 2-14　B 类焊接接头检验样板

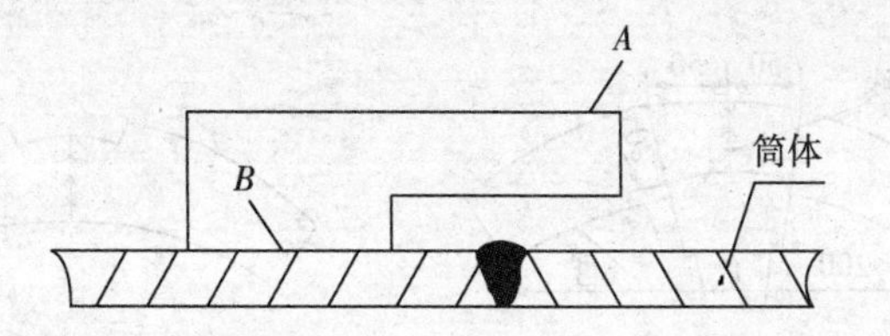

图 2－15　利用 B 类焊接接头样板检查 B 类焊接接头

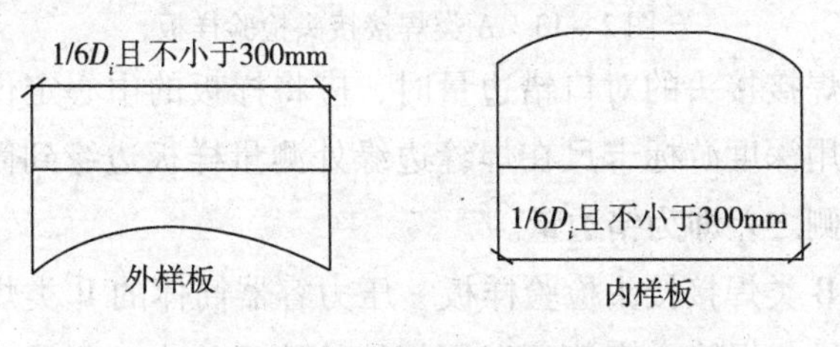

图 2－16　焊接接头环向棱角检验样板

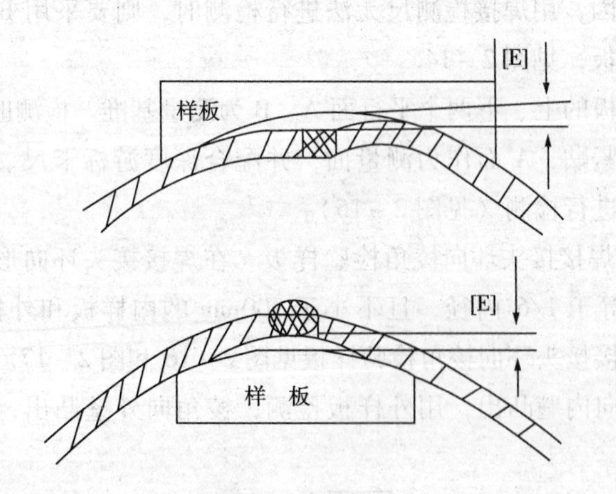

图 2－17　用焊接接头环向棱角样板检验示意图

样板在压力容器检验中的用途很多，可以用来测量制造过程中形成的尺寸（例如角焊缝的焊脚高度、封头的曲率尺寸、筒体的棱角度等），或者测量变形、腐蚀的程度。对于已经产生确定不进行修理的鼓包，可以用一个与其形状相同的样板定期检查鼓包是否发生变化。

2.4.7 全站仪检测

在压力容器的检验中，全站仪用来测量、判断压力容器的几何尺寸、水平度、垂直度、相对角度、距离和接管、附件在筒体上的方位、相对距离。全站仪外形见图2－18。

全站仪主要由望远镜物镜、电池盒、粗瞄准仪、垂直微动手轮、通讯口、长水准器、液晶显示屏键盘、基座锁紧钮、脚螺旋、望远镜目镜、横轴中心标志、望远镜调焦手轮、激光指示器、外接电源插座、水平微动手轮、水平止动手轮、基座等组成。

全站仪的测量原理是利用全站仪测量出对象所处的空间坐标位置，计算出所需要的参数。通过开发机载软件，简单计算步骤，只要选定、照准测量对象，直接测量得出精确的数值。

图2－18　全站仪外形图

全站仪的使用方法：

（1）用于直线度测量。图2－19是用全站仪进行直线度测量的示意图。测量时将全站仪摆放在靠近180°线侧，依次测量 A、B 点间的任意点，设备旋转90°、180°、270°，按同样的方法，进行测量，即可得到设备的直线度。

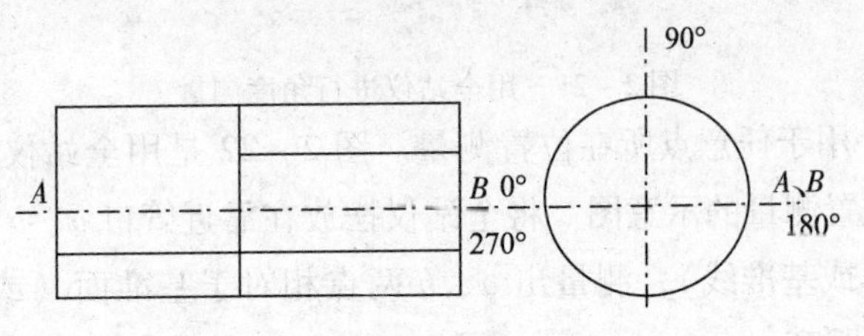

图2－19　用全站仪进行直线度测量

（2）用于轴线测量。图 2-20 是用全站仪进行轴线测量的示意图。测量时将全站仪分别摆放在筒体两端并靠近端面，在端面圆周上任意测量三个点，多于三个点亦可。设备内部用支架支承，即可快速找到端面中心 C 点，利用中心上下、左右移动的关系，找到设备外部四条轴线，为设备开孔找准方位。

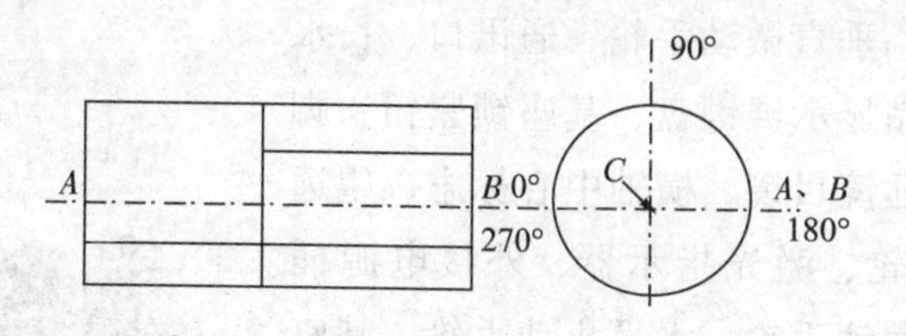

图 2-20　用全站仪进行轴线测量

（3）用于角度测量。图 2-21 是用全站仪进行角度测量的示意图。利用空间坐标系，分别测量 A、B、C 三点的坐标，即可计算出轴线 AB 与轴线 BC 的相交角度和偏心距离 E 的尺寸。

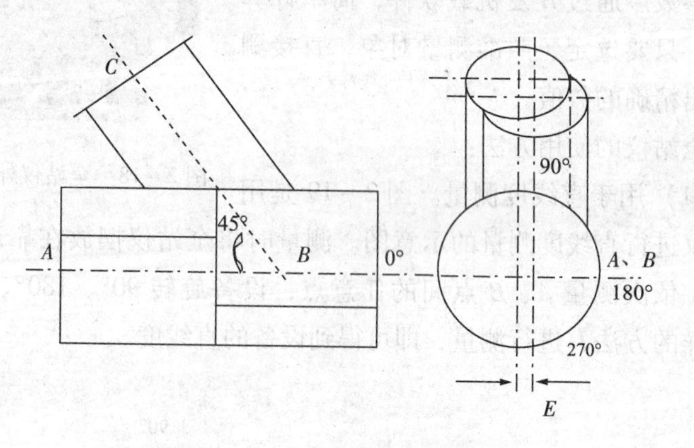

图 2-21　用全站仪进行角度测量

（4）用于任意点所在位置测量。图 2-22 是用全站仪进行任意点所在位置测量的示意图。将全站仪摆放在靠近管口 a、b 侧，选择基准面（或基准线），测量出 a、b 两点相对于基准面（或基准线）的角度、距离。

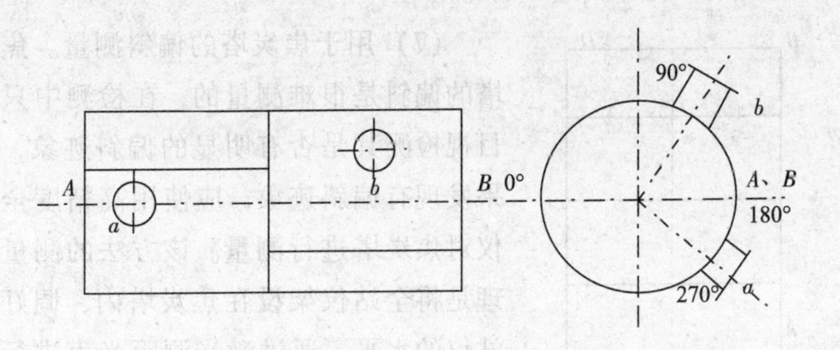

图 2－22　用全站仪进行任意点所在位置的测量

这种测量方法，可以测量筒体上的任意点相对于基准面（或基准线）所在位置的角度、距离，即各管口、附件在筒体上的方位、标高。

（5）用于平面角度测量。图 2－23 是用全站仪进行平面角度测量的示意图。通过测量中心线 *ab*、*cd*、*ef* 等，得出相邻筒节的夹角。或者测量中线 *ab*、*ij*，得出 *a* 角的数值。这种测量方法，可以测量筒体与筒体组对相对筒节的中心线偏心角度。

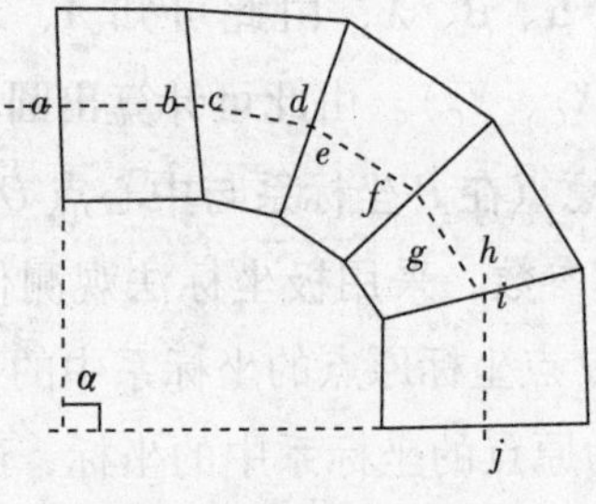

图 2－23　用全站仪进行平面角度测量

（6）用于塔类设备安装垂直度测量。图 2－24 是用全站仪进行塔类设备安装垂直度测量的示意图。

测量时将全站仪摆放在所安装设备的任意一侧，选择设备对应的两条母线 *AB*、*CD*，0°、180°或 90°、270°线，在母线 *AB*、*CD* 上任意选择数点，测量其相对 *A* 点或 *C* 点的数值；仪器移动大约 90°，按上述顺序测量另外两条母线数值，通过计算，即可得到塔类设备安装的垂直度。

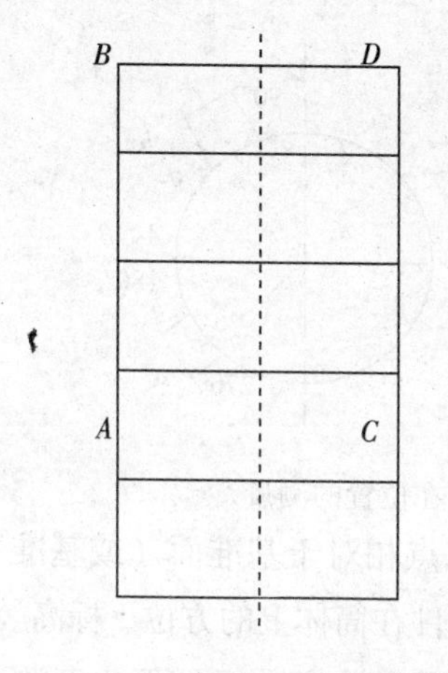

图 2－24　用全站仪进行塔类设备安装垂直度测量

（7）用于焦炭塔的偏斜测量。焦炭塔的偏斜是很难测量的，在检测中只能目视检测其是否有明显的偏斜迹象，如果发现有偏斜迹象，应使用高精度全站仪对焦炭塔进行测量。该方法的测量原理是将全站仪架设在焦炭塔内，调好全站仪的水平，通过激光测距光束进行内壁布点测距并同时测量角度，得到塔内壁各布点的三维极坐标值，即一个空间距离 S、一个水平角度值 HZ、一个铅垂角度 V。以全站仪式所在的 P 点为坐标原点，建立直角坐标系（图 2－25 所示），可以得到各布点（图 2－25 中的点 A、B、C）的距离 L_{PA}、L_{PB}、L_{PC}和 3 个角度 α、β、λ，由此可知 A、B、C3 点坐标（X_A、Y_A）、（X_B、Y_B）、（X_C、Y_C）。由此可计算出圆心 O 点的坐标（X_O、Y_O）。同时可得到任意点在 P 坐标系与中心点 O 坐标系的换算关系。根据两坐标系的换算参数，采用极坐标法观测任意目标点 M，就可以计算出 M 点在以 O 点坐标原点的坐标系中的三维坐标。进而得到这个坐标在以 O 点为原点的坐标系中的坐标，由足够多的测点可以得到焦炭塔的整体形状。通过整体形状的几何特征，可计算出焦炭塔的鼓凸和偏斜等。

此方法的实用性很强，结合计算机软件进行形状拟合，可以大幅提高测量和数据处理的效率。最重要的是此方法克服了其他方法受焦炭塔操作平台影响无法测量其偏斜的缺点。由于焦炭塔的鼓凸和偏斜是一个缓慢的过程，掌握其原始的形状参数对评定焦炭塔的安全性是很重要的。因此没有发生明显的鼓凸和偏斜的焦炭塔也应用此种方法进行测量，做为下一次测量结果比较的基准。

图 2－25　鼓凸和变形测量示意图

2.4.8　内窥镜检测

内窥镜检测是利用光学成像装置来检查肉眼无法直接观察到的试件表面。按结构分为刚性和柔性、按成像方式分为光学和视频。其中，刚性内窥镜适用于观察者和观察区之间是直通道的场合，插入部分可全防水；而视频内窥镜有分辨力高、景深范围大、成像质量高、色彩真实、无蜂房影像和黑白点混成灰色效应等特点。图 2－26 是内窥镜的外形照片。

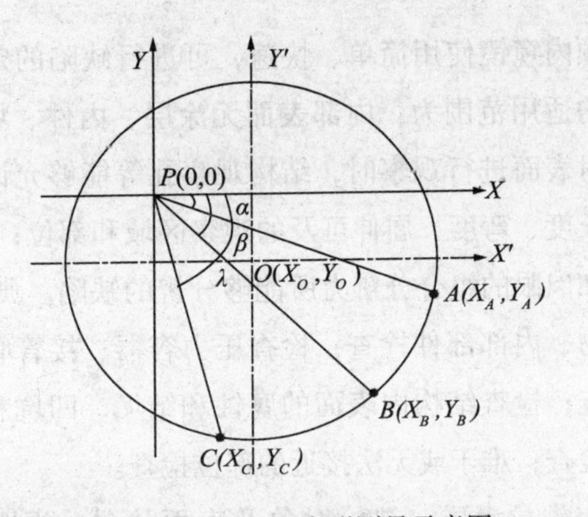

图 2－26　内窥镜外形照片

现代视频内窥镜使用简单、快速，可进行缺陷的定性和定量检查。内窥镜的适用范围为：内部表面无涂层、内件、堆积物、附着物等影响，对表面进行观察时，结构观察孔等能够允许探头进入的部位；探头长度、弯度、屈伸可及的观察区域和部位；内窥镜镜头、记录显示器和肉眼的组合分辨力所能够分辨的缺陷。典型应用包括：结构中的异物、内部部件检查；检查压力容器、接管管道等结构的内部状况检查；检查结构内表面的腐蚀和结垢、凹坑和裂纹等缺陷及表面状况检查；难于或无法接近的部位检查。

但受检查人员素质、被检对象及表面状况、视距视向、光学仪器和照明等方面的影响。视频内窥镜检查人员应拥有适当的技能、经验和知识，并且应视力合格。应用视频内窥镜检查时，被检对象的距离、缺陷尺寸、进口尺寸、被检对象形状尺寸、被检对象的景深、视距视向等因素均应充分考虑；被检对象表面涂层或锈蚀、氧化皮、不规则、粗糙度、污染物应不影响缺陷指示；仪器类型应满足检测灵敏度要求；照明光源一般采用冷光源的卤素灯、高亮度的氙光源或黑光灯，对可见光照度应至少在 500 lx 以上。

视频内窥镜的局限性为：仅限于表面检查；被检表面要求较高；范围不宽，某些部位仍难以检查；漏检率较高、准确性低；缺陷识别较困难。

图 2－27 是内窥镜检查的阀体内部情况照片。

视频内窥镜虽然可以直观地看到受检容器内部的图像，但是能够熟练且科学地使用它进行检测并不容易，还需要检验人员经常地练习。具体练习方法是将印满 8 号字的纸筒放在一个管子的内部，并与管壁贴合，调整内窥镜镜头的位置和角度，将纸上的文字都读出来。这也可以做为内窥镜操作人员的考试方法。

图 2－27　内窥镜检查的阀体内部情况

2.5　目视检测记录

2.5.1　目视检测记录的作用及基本步骤

检查记录是所有检查工作的最后最重要的环节，检查之后不做记录，在分工明确的协同工作中，等同于未检查。

目视检测的记录的作用主要有以下三点：

(1) 作为检验报告的依据；

(2) 根据检验记录可准确找到所记录的缺陷，便于随后的检测复验和修理；

(3) 提供给高级人员分析缺陷形成的原因，提出处理建议。

目视检测记录的基本步骤如下：

(1) 绘制受检容器的示意图；

(2) 选择合适的检查记录表格；

(3) 在示意图中标注缺陷的位置；

(4) 对缺陷的基本尺寸进行记录；

(5) 填写检测记录表格；

(6) 签字并填写检测日期。

在这里我们将详细描述压力容器的检查记录填写方法。

2.5.2 绘制受检容器的示意图

目视检测中的第一步骤是绘制受检容器的示意图。受检容器示意图中应能够显示容器的基本形状、焊缝布置、接管方位、基础形状和位置以及容器上的其它物体。图中应有基本的尺寸标注，使得图中标示的缺陷可以再现。在目视检测的记录中，缺陷的可再现性是最重要的。否则就可能出现没有直接参加检验的人凭检测记录无法找到缺陷的情况。

压力容器目视检测记录中一般采用示意图，一般检验员喜欢采用展开示图，如图 2-28 所示。展开图的特点是简单，易画，容器上的各种结构和附件容易反映和识别，容易标注缺陷位置和尺寸。但是在画示意图时应标注清楚展开图是内壁展开还是外壁展开。绝大部分压力容器都是圆形的，在绘制展开图时应首先找一个铅垂方向的基准，内壁遵循左手螺旋法则，外壁遵循右手螺旋法则。如果同时进行了内、外壁的检查，不一定要绘制两张图，但是一定要说明所绘制的图是内壁展开还是外壁展开，同时说明所标注的缺陷在处于内壁还是处于外壁。示意图的绘制需掌握以下几个要点。

（1）图形的绘制需遵循基本的制图规则，横平竖直，圆方成形，比例适当。了解三视图的原理，明确实线、虚线、点划线的具体应用方法。遮挡的部分用虚线，中心线用点划线。

（2）图形必须有明确的基准（参照），且必须在图中做出说明或标注。参照点或参照物须选在容器本体上或与容器相连的物体上，如设备铭牌、人孔、可清楚分辨的接管、焊缝、支腿、裙座开孔、竖梯或盘梯等。

（3）外观图以外壁方位为主，必要时附内壁检查图。内检容器以内壁展开，外检容器以外壁展开。内外都进行检测时，以发现缺陷侧展开图为主，并在图中加以说明。外观图以基准参照物为中心，直视范围能看到的图示部分用实线表示，看不到的图示部分用虚线表示，如图 2-28 所示。

（4）示意图中应对容器上所有焊缝、接管、接管法兰进行明确标识。

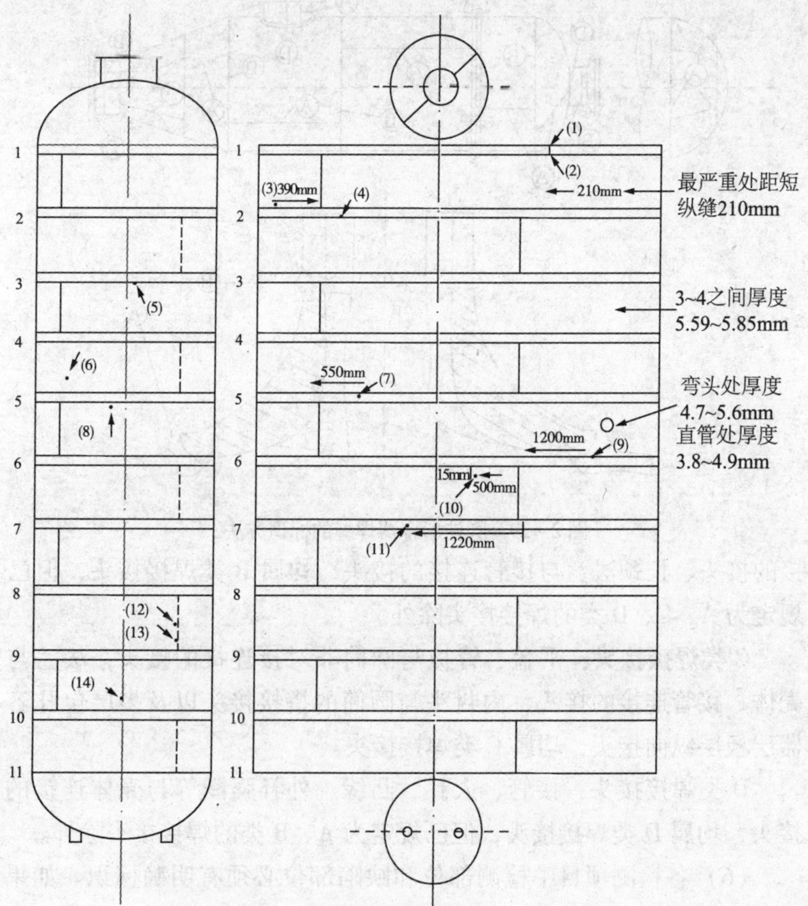

图 2－28　尿素合成塔内壁展开示意图

（5）焊缝标识方法：圆柱形容器的焊缝标识方法如图 2－29 所示。

容器主要受压部分的焊接接头分为 A、B、C、D 四类，说明如下：

A 类焊接接头：圆筒部分的纵向接头（多层包扎容器层板层纵向接头除外）、球形封头与圆筒连接的环向接头、各类凸形封头中的所有拼焊接头以及嵌入式接管与壳体对接连接的接头，均属 A 类焊接接头。

B 类焊接接头：壳体部分的环向接头、锥形封头小端与接管连

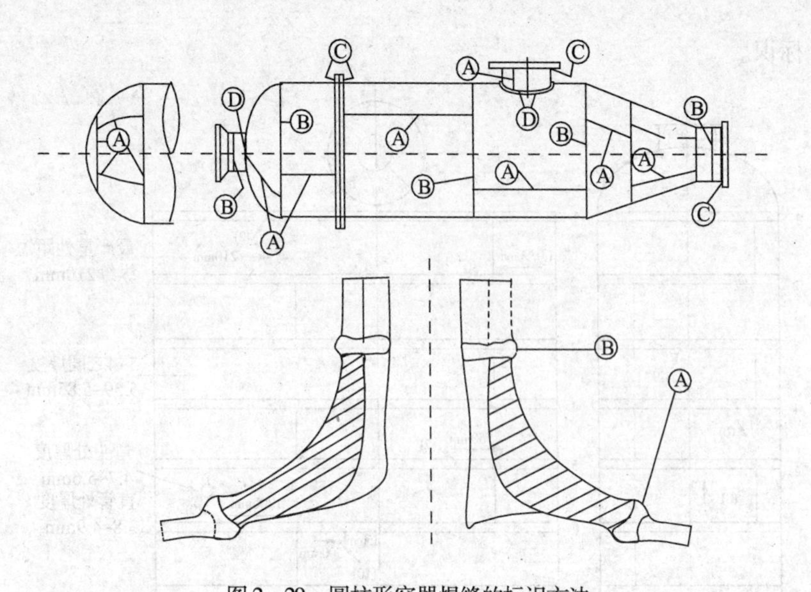

图 2-29　圆柱形容器焊缝的标识方法

接的接头、长颈法兰与接管连接的接头，均属 B 类焊接接头，但已规定为 A、C、D 类的焊接接头除外。

C 类焊接接头：平盖、管板与圆筒非对接连接的接头，法兰与壳体、接管连接的接头，内封头与圆筒的搭接接头以及多层包扎容器层板层纵向接头，均属 C 类焊接接头。

D 类焊接接头：接管、人孔、凸缘、外补强圈等与壳体连接的接头，均属 D 类焊接接头，但已规定为 A、B 类的焊接接头除外。

（6）各检测项目中检测部位和缺陷部位必须有明确标识。如果由于客观条件的限制无法准确标出焊缝编号时（如局部抽查、定位检测、隔热层覆盖等情况），可以仅对被检部位的焊缝进行编号，对检测范围、检测长度进行标识，并在图中注明。

图 2-28 是典型的压力容器检验使用示意图，左图反映了容器的基本形状，其上标注了点蚀缺陷。右图是常用的展开图，上面标注了焊缝缺陷。右图的上、下两个圆圈分别代表尿素合成塔的上、下两个封头。左图的特点是对容器的形状表现的比较明确，缺点是标注缺陷不便，位于背面的缺陷还要特别说明。位于封头上的缺陷

标注位置尺寸很困难。右图则是常用的容器展开示意图，绝大多数检验员习惯于使用右边的展开示意图。

图 2－30 是一个球罐的示意图，从图上可以清楚地看到容器的基本形状以及基本组成，但是它的缺点是只能看见球罐的一面，不便于标注检验内容和检验出的缺陷。图 2－31 是图 2－30 中球罐的展开示意图，在图中可以看到球罐的每一个部分，在上面标注检验内容和检出的缺陷清晰明了。图 2－32 是一个液化石油气储罐，这个示意图准确地表现了储罐的基本形状，并反映了容器上的所有接管和附件，看起来清晰明了，但是图中没有显示筒体的对接焊缝。对接焊缝的缺陷无法标注。

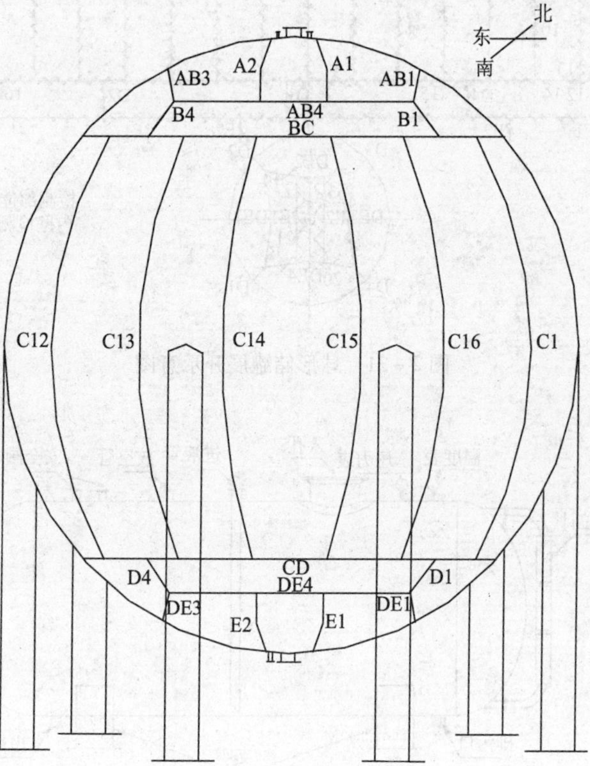

图 2－30　球形储罐示意图

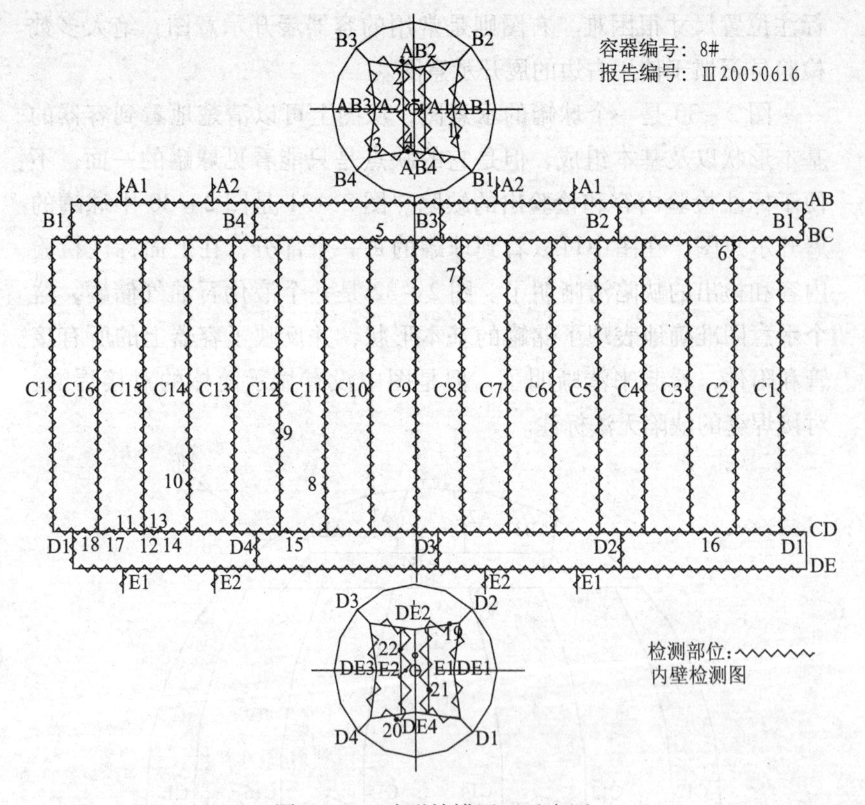

图 2－31　球形储罐展开示意图

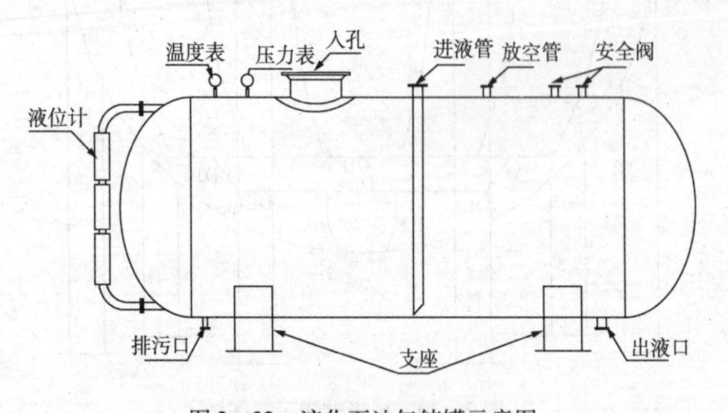

图 2－32　液化石油气储罐示意图

2.5.3 检测记录表格

压力容器检查的表格形式很多，在制造过程的检查中，制造厂大都根据自己的实际情况设计检测记录表格。在在役压力容器检验中，检验单位往往使用宏观检查报告作为目视记录表格。原因是报告中要求的内容很多，但是在实际的检验中大多数情况下涉及的内容却很少，表格设计的全面了，则在实际检查中大部分都是空白。但是使用报告做原始记录表无法全面反映检查结果，所以检验员在实际的检验工作中经常根据发现缺陷的情况另外附加缺陷情况说明。

检查记录表的基本要求主要有以下三点：

（1）准确地说明缺陷的性质；

（2）准确地标明缺陷所处的位置；

（3）准确地注明缺陷的基本尺寸，如裂纹的长度，蚀坑的长度、宽度及深度等。

无论如何记录，必须满足以上三点基本要求。在在用压力容器的检验中，大多数有经验的检验员习惯于直接在图上记录，这样容易形成只有自己能看懂的检验记录。因此检验记录尽量使用表格，这样的记录比较明确，更容易让没有直接参加检验的人看懂。

2.5.4 辅助的记录方法

（1）照相机　现在数码相机已相当普及，在记录中如果配以数码照片，则能更清楚地反映缺陷。

压力容器的目视检测相当大的部分在容器的内部，容器的内表面也是最容易出现缺陷的地方。但是容器内部的缺陷照相是一个不大不小的问题，检验员在实践中也发现在容器的内部很难得到理想的照片。多数检验人员将问题归结于照相机性能级别不高，实际上，其真正的原因是照相技术问题。在容器的内部光线较暗，照相机的曝光时间长，这就要求在曝光的过程中，绝对不能晃动。这一点说起来容易，做起来却很难。首先人们习惯于在阳光下拍风景或人物，由于光线充足，拍照姿势不受限制和影响，拍照过程的稳定性显得并不重要。在容器内部情况就大不相同，由于结构和空间限制的原因，不大可能让你在很理想的位置拍照，随着曝光时间的延长，拍照过程中照相机的稳定性根本不容易保证。此外，检验员在容器的内部也很难观察拍摄效果，往往在相机的显示屏上看着还可以，回到办公室在电脑上一看就是虚的。解决这个问题的办法就是通过训练积累经验，例如，检验员可以经常练习用各种姿势端砖头或超声检测试板，努力做到手不抖，也可以在光线很弱的房间里的桌子底下或墙角拍摄打印的字体，先从五号字练起，通过练习，以逐渐地达到能清晰地拍到八号字为目标，不断练习，提高拍照技术。

由于照相记录会使得缺陷图像放大或缩小甚至变形，因此在拍照时尽可能地在缺陷旁放置一个参照物，比如直尺等，在照片中起到比对的作用。

(2) 透明胶带　用透明胶带可以将一些裂纹、咬边、弧坑、蚀坑等缺陷的表面形状完整地复制下来。与照相机相比，用它复制的缺陷不存在尺寸放大或缩小等问题。同时又有制备方便、不受光线限制等优点。

透明胶带复制缺陷的方法是将透明胶带覆于需要复制的缺陷表面，用手指在上面反复碾压，直至缺陷的表面形状清晰地反映在透明胶带上。揭下透明胶带后，将透明胶带粘于白纸上，就可将记录保存了。这样的记录可以复印。为了将缺陷复制得更清晰，可以在复制之前用颜料将缺陷表面处理一下。

(3) 橡皮泥　用橡皮泥可以将内凹或凸起的缺陷形状完全复制下来。比如蚀坑、咬边等。使用方法是将反复揉合均匀的橡皮泥放置于需复制的缺陷表面，反复碾压。揭起后缺陷的形状就留在了橡皮泥上。其优点是可以反映缺陷的三维形状和三维尺寸。

(4) 拓片　拓片的作用类似于透明胶带，使用方法是将白纸覆于需复制的缺陷表面，用铅笔在纸面上反复涂抹，缺陷的表面形状就会出现在纸面上。效果就像石碑或木刻的拓片一样。

3 压力容器目视检测

3.1 压力容器目视检测的范围和内容

在压力容器的检验中，检验人员对受检容器进行检验的工作和内容所遵循的法规是 TSG R0004—2009《固定式压力容器安全技术监察规程》和 TSG R7001—2010《压力容器定期检验规则》。因此，检验人员首先要明确被检容器的检查范围和内容。

目视检测是压力容器检验的重要组成部分，因此，了解并掌握 TSG R0004—2009《固定式压力容器安全技术监察规程》和 TSG R7001—2010《压力容器定期检验规则》中关于压力容器范围界定的相关规定，也就明确了压力容器的检查范围，亦即明确了压力容器目视检测的范围。

TSG R0004—2009《固定式压力容器安全技术监察规程》中第 1.6 节对压力容器的范围作了以下规定：

（1）压力容器与外部管道或者装置焊接连接的第一道环向接头的坡口面、螺纹连接的第一个螺纹接头端面、法兰连接的第一个法兰密封面、专用连接件或者管件连接的第一个密封面。

（2）压力容器开孔部分的承压盖及其紧固件。

（3）非受压元件与压力容器的连接焊缝。

压力容器本体中的主要受压元件，包括壳体、封头（端盖）、膨胀节、设备法兰，球罐的球壳板，换热器的管板和换热管，M36 以上（含 M36）的设备主螺柱以及公称直径大于或者等于 250mm 的接管和管法兰。

压力容器的安全附件，包括直接连接在压力容器上的安全阀、爆破片装置、紧急切断装置、安全联锁装置、压力表、液位计、测温仪表等。

TSG R0004—2009《固定式压力容器安全技术监察规程》对压力容器范围的上述规定明确了压力容器的目视检测工作的检测范围。

TSG R7001—2010《压力容器定期检验规则》中和目视检测有关的条款为第二十一条、第二十二条、第二十三条、第二十九条和第三十条，摘录如下：

第二十一条　压力容器定期检验的项目以宏观检查、壁厚测定、表面缺陷检测为主，必要时增加埋藏缺陷检测、材质检查、密封紧固件检查、强度校核、安全附件检查、耐压试验、泄漏试验等项目。

第二十二条　宏观检查采用目视方法（必要时利用内窥镜、放大镜或者其他辅助仪器设备）检查压力容器表面裂纹、腐蚀、变形等情况以及结构、隔热层、衬里等是否满足压力容器安全使用的要求。

宏观检查主要包括以下内容：

（一）压力容器主要受压元件的裂纹、鼓包、机械损伤、变形、泄漏、工卡具焊迹、电弧灼伤、过热等；

（二）内外表面的腐蚀；

（三）不合理结构及新生缺陷，包括封头主要参数、封头与筒体的连接、开孔位置及补强等（适用于首次定期检验）；

（四）对接焊缝、接管角焊缝等部位的裂纹、泄漏、腐蚀等；

（五）纵、环焊缝的布置、型式及其对口错边量、棱角度、咬边；对承受疲劳载荷的压力容器，以后的定期检验中重点检查有问题部位的新生缺陷（适用于首次定期检验时）；

（六）法兰密封面及其紧固螺栓；

（七）支承或者支座，大型压力容器基础的下沉、倾斜、开裂，直立压力容器和球形压力容器支柱的铅垂度，多支座卧式压力容器的支座膨胀孔等；

（八）压力容器排放（疏水、排污）装置以及多层包扎、热套压力容器泄放孔的堵塞、腐蚀、沉积物；

（九）快开门式压力容器的安全联锁功能。

第二十三条　隔热层、衬里检查一般包括以下内容：

（一）隔热层的破损、脱落、潮湿，有隔热层下腐蚀倾向和产生裂纹可能性的应拆除保温层进一步检查；

（二）衬里层的破损、腐蚀、裂纹或脱落，查看检查孔是否有介质流出，发现衬里层穿透性缺陷或有可能引起压力容器本体缺陷腐蚀缺陷时，应当局部或者全部拆除衬里，查明本体的腐蚀状况或者其他缺陷；

（三）堆焊层的龟裂、剥离和脱落。

第二十九条　无法进行内部检查的压力容器，应当采用可靠检测技术（例如内窥镜、声发射、超声检测等）从外部检测内部缺陷。

第三十条　M36 以上（含 M36）的设备主螺柱在逐个清洗后，检查其损伤和裂纹情况，必要时进行无损检测。重点检查螺纹及过渡部位有无环向裂纹。

在上述规定中，第二十一条明确了压力容器的宏观检查是主要检查项目，是必须进行的检查项目。第二十二条和第二十三条规定了压力容器的宏观检查必须检验的内容，也就是回答了压力容器目视检测检什么的问题，是压力容器目视检测的第二个要素。第二十九条和第三十条中规定了对设备内部利用内窥镜进行目视检测的要求和对设备主螺柱进行目视检测的要求。

根据 TSG R7001—2010《压力容器定期检验规则》的规定及笔者的检验经验，将在用压力容器目视检测的检验内容列于表 3 - 1，供读者参考。

表 3-1　压力容器目视检测内容

序号	检查部位	须检查的缺陷
1	筒体、封头	裂纹 鼓包 机械损伤、工卡具焊迹、电弧灼伤、飞溅、焊瘤、凹坑 变形 泄漏 过热 腐蚀
2	对接焊缝	裂纹 咬边 气孔、夹渣 表面成型 焊缝余高、错边、棱角度、未填满 泄漏 腐蚀
3	角焊缝	裂纹 咬边 表面成型、未填满 焊脚高度 泄漏 腐蚀
4	法兰	裂纹 腐蚀 密封面损伤
5	开孔补强	大开孔有无补强，补强板信号孔
6	密封紧固件	螺栓

续表

序号	检查部位	须检查的缺陷
7	支承或者支座	下沉、倾斜、开裂，直立压力容器和球形压力容器支柱的铅垂度，多支座卧式压力容器的支座膨胀孔等；
8	排放（疏水、排污）装置	堵塞、腐蚀、沉积物
9	检漏孔	堵塞、腐蚀、沉积物
10	隔热层	破损、脱落、潮湿
11	衬里层	破损、腐蚀、裂纹或脱落
12	堆焊层	龟裂、剥离和脱落
13	安全附件	齐全、完好
14	接管	裂纹 咬边 气孔、夹渣 表面成型 未填满 泄漏 腐蚀 变形
15	换热器管束	裂纹 咬边 气孔、夹渣 表面成型 未填满 泄漏 腐蚀

3.2 压力容器的目视检测

压力容器的目视检测分为外部目视检测和内部目视检测。外部目视检测指的是在压力容器外面进行检查，不进入压力容器内部。所有的压力容器检验都必须进行外部目视检测。压力容器的年度检查主要是进行外部目视检测。随着基于风险的检验（RBI）的广泛应用，压力容器检验需要外部目视检测提供更多的信息。

内部目视检测指的是在压力容器内部的封闭空间里面进行的检查，也就是说进入压力容器内部进行的目视检测。在压力容器检验中，内部目视检测是最重要的检查之一。内部目视检测直接接触容器的内壁，绝大多数压力容器在使用中产生的缺陷都反映在容器的内部。内部检查更直观，检查结果更可靠。

TSG R0004—2009《固定式压力容器安全技术监察规程》和 TSG R7001—2010《压力容器定期检验规则》中规定的检验部位主要有以下几个方面：

（1）压力容器本体和主要受压元件；

（2）所有对接焊缝；

（3）所有接管及接管角焊缝；

（4）紧固件；

（5）基础；

（6）隔热层；

（7）防腐层；

（8）安全附件。

这些部位和元件的检查内容参看表 3 - 1。

3.2.1 压力容器筒体、封头和法兰的目视检测

根据 TSG R0004—2009《固定式压力容器安全技术监察规程》第 1.6.1 节对压力容器的主要受压元件的规定，压力容器的本体包括筒体、封头、法兰等。

对于压力容器的壳体和封头，主要检查表面是否有裂纹、是否有轧制和成形过程中造成的重皮与皱折等缺陷、是否有凹坑缺陷、是否有焊接过程中造成的缺陷如焊瘤、弧坑、工卡具焊迹等，还有容器在运行过程中出现的变形、腐蚀、泄漏、过热和鼓包等缺陷。

3.2.1.1 裂纹、重皮和凹坑

图3－1～图3－5是压力容器表面裂纹的示意图，压力容器裂纹的形式和形成的原因多种多样，在容器的制造和运行中都会产生，是对压力容器危害最大的缺陷。发现裂纹时检验人员应详细记录裂纹的位置和基本尺寸并及时上报。

图3－1　压力容器表面裂纹示意图（Ⅰ）

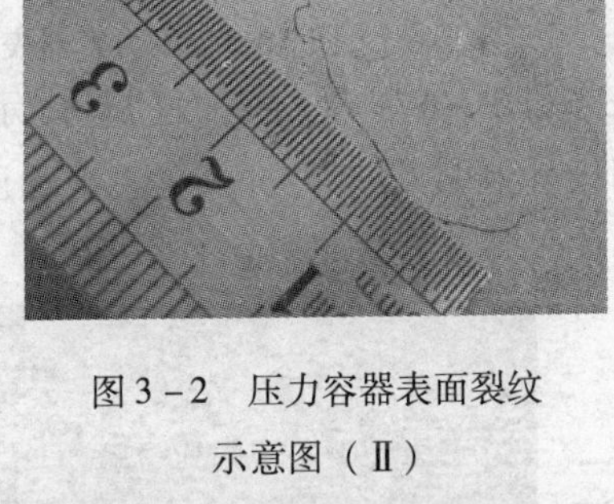

图3－2　压力容器表面裂纹示意图（Ⅱ）

图3－3　压力容器表面裂纹示意图（Ⅲ）

图3－4　压力容器表面裂纹示意图（Ⅳ）

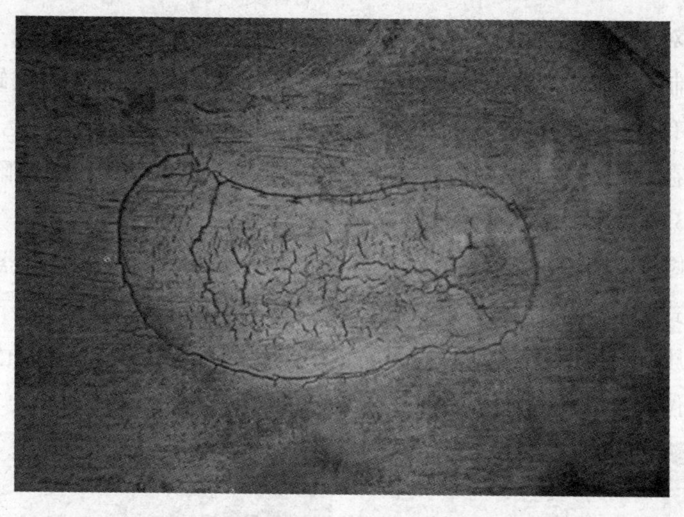

图 3-5　压力容器表面裂纹示意图（V）

图 3-6 是母材表面的重皮示意图。重皮和折皱类缺陷是在钢板轧制过程产生的，在卷板和压制封头时也有可能产生这一类缺陷。

图 3-6　压力容器表面重皮示意图

图 3-7 是母材表面的凹坑缺陷示意图。形成凹坑的原因有很多，有些凹坑的周围有可能存在微小裂纹，在检查的过程中应特

别注意。法兰的密封面上的凹坑应特别记录，并上报用户进行处理。因为这类缺陷可能导致法兰连接部位产生泄漏。图 3－8 是母材上腐蚀造成的凹坑照片，图中检验员正在用橡皮泥拓下凹坑底部的形状。

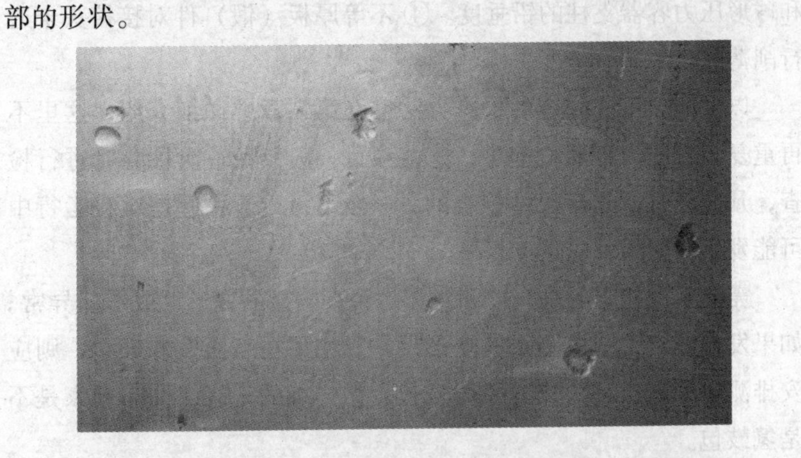

图 3－7　压力容器的表面凹坑示意图

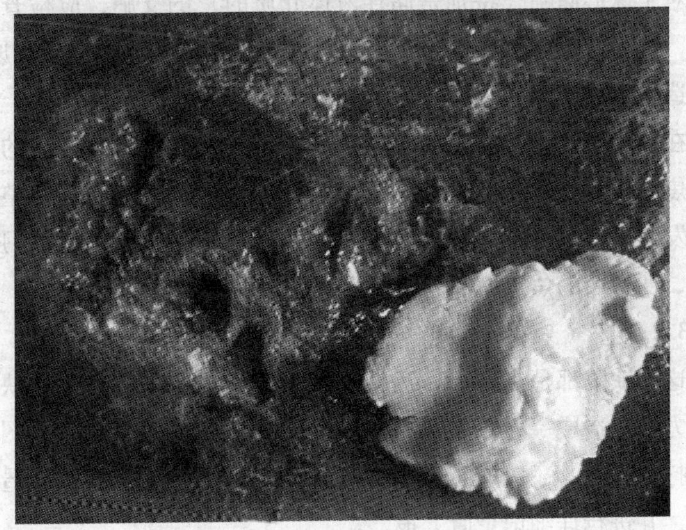

图 3－8　压力容器的表面凹坑示意图

3.2.1.2 变形与尺寸检查

变形与尺寸检查包括以下内容：① 同一断面上最大直径与最小直径。② 封头表面凹凸量、直边高度和纵向皱折。③ 直立压力容器和球形压力容器支柱的铅垂度。④ 不等厚板（锻）件对接接头未进行削薄过渡的超差情况。

以上四项检查内容的检查方法已在第二章中详细介绍，这里不再重复。在压力容器检验中，这些项目一般只在首次检验时进行检查，凡是已进行几何尺寸检查的，一般不再重复，但是对在运行中可能发生变化的，应重点复核。

需要重点检查的是壳体和封头是否有明显的变形，或形状异常。如果发现异常，则应测量其变形尺寸。如果在表面发现鼓包，则应安排测厚和超声波检测，并对鼓包点做详细的记录，询问专家是不是氢鼓包。

对于球形储罐（特别是储存液体介质的）的支腿，应检查其铅垂度，因为球罐质量一般较大，因此，由于基础下沉不均匀等原因，容易造成球罐支腿的偏斜。

在焦炭塔的检验中，变形检查非常重要，在焦炭塔裙座的上方和堵焦阀等处很容易出现筒体的鼓凸现象，这种鼓凸往往在整个周长上发生，造成焦炭塔的直径增大，需要重新复核焦炭塔的强度。此外，变形后的焦炭塔的倾斜度测量也很重要。

3.2.1.3 飞溅、机械损伤、工卡具焊迹和电弧灼伤

这些缺陷都是在制造、运输和维修过程中造成的，此类缺陷会对压力容器造成一些不良影响，检测中发现这些缺陷时应在图中注明并打磨消除。还应进行表面无损检测，以检查是否有因此造成的裂纹，并进行详细记录后上报。

图 3－9 是压力容器存在表面飞溅时的图片。图 3－10 是压力容器存在表面机械损伤时的图片。

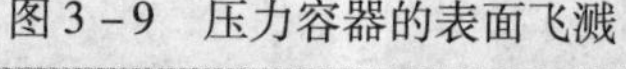

图 3－9　压力容器的表面飞溅

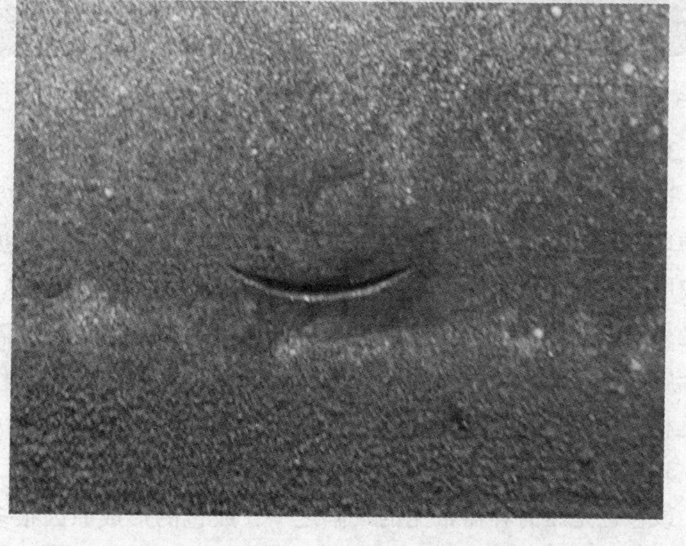

图 3－10　压力容器存在表面机械损伤

3.2.1.4 泄漏

在停工时进行的压力容器定期检验中，容器本体母材和焊缝的泄漏检查均以检查痕迹为主。检验员在检查的过程中要仔细观察容器本体、法兰和焊缝的表面，特别是观察接管角焊缝的表面，观察有无泄漏的痕迹。如果发现泄漏的痕迹，应做出标记并记录，还应上报，并安排后续检验。

图 3－11 是接管发生泄漏的情况，图 3－12 是焊缝泄漏的情况。

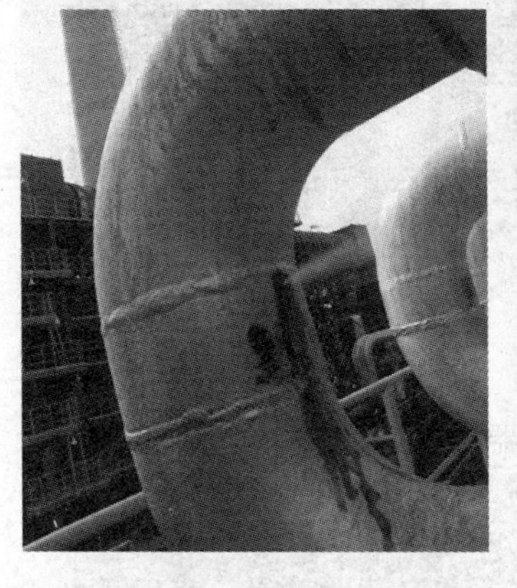

图 3－11　接管发生泄漏的情况

图 3－12　焊缝泄漏的情况

3.2.1.5 过热

过热的检查主要是观察容器表面的颜色。如发现有可能发生过热的现象，应及时通知检验负责人，适时进行金相检验。过热检查多应用于炉管和废热锅炉的检查，有些反应器中也会发生过热现象。在受火压力容器的检查中，过热现象的检查是重点。检验员需要根据金属表面的颜色、表面涂层及隔热层的颜色以及外部其他物体的变色和熔化程度判断容器是否有过热的可能，以便进行相应的检验。

3.2.1.6 鼓包

鼓包也是压力容器常见的缺陷之一，鼓包的形成原因很多，湿 H_2S 环境中的碳钢可能出现鼓包，高温高压的临氢设备也会产生鼓包，加氢反应器内壁堆焊层的焊道上也经常会发现鼓包。当然还有其他原因形成的鼓包。

另外，检查鼓包时应注意区别表面覆盖层的鼓包与容器材料的鼓包，例如氧化层的鼓包和防腐涂层的鼓包等。

图 3－13 中的照片是湿 H_2S 环境中的碳钢出现的鼓包。应当注意，检查鼓包时，一定要用平行辅助照明的方式进行观察。从图 3－

13 中的照片中也可看到，在照片的左侧靠近光源处，鼓包不很清晰。而右侧远离光源处，相当于平行辅助照明的条件下，鼓包的形状非常清晰。

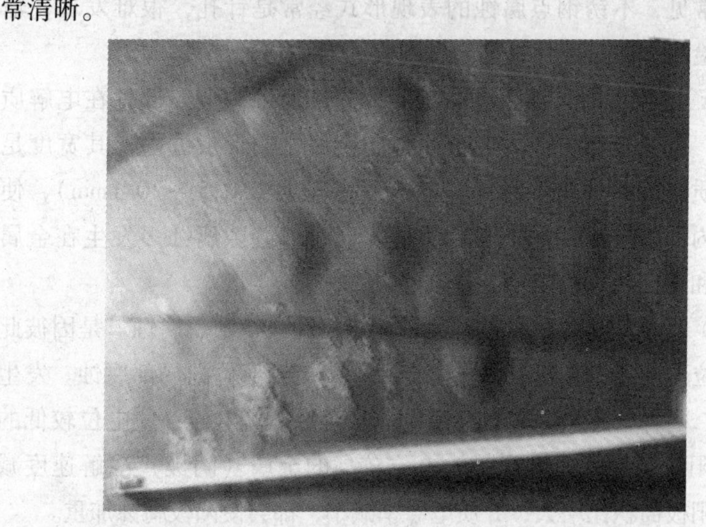

图 3-13　湿 H_2S 环境中的碳钢出现的鼓包

检验员发现鼓包后应测量鼓包的高度和鼓包的直径，同时还要统计鼓包的分布情况，对测量值和分布情况进行记录。

3.2.1.7 腐蚀检查

为便于进行腐蚀检测，在此简单地介绍一些关于压力容器腐蚀的基本知识，通常情况下压力容器的腐蚀有以下几类：

（1）常规腐蚀　常规腐蚀在压力容器中是最常见的腐蚀。压力容器材料在酸性液体中会发生不同程度的溶解，形成常规腐蚀，溶解速度基本均匀。压力容器材料在大气条件下也会发生不同程度的常规腐蚀。常规腐蚀的腐蚀速度是均匀的，但并不代表常规腐蚀的表面形态也是均匀的，例如由于凝结水造成的常规腐蚀，其表现形式就是腐蚀坑。

（2）点腐蚀　点腐蚀又称为孔蚀（小孔腐蚀），是在金属上产生针尖状、点状、孔状的一种局部腐蚀形态。点腐蚀是阳极反应的一种独特形式，是一种自催化过程，即点腐蚀孔内的腐蚀过程造成的条件既促进又足以维持腐蚀的继续进行。点腐蚀在压力容器检验中比较常见，不锈钢点腐蚀的表现形式经常是针孔，很难发现，辅助渗透检测方法可以比较好地发现腐蚀针孔。

（3）缝隙腐蚀　缝隙腐蚀是一种局部腐蚀。金属部件在电解质溶液中，由于金属与金属或金属与非金属之间形成缝隙，其宽度足以使介质浸入并处于一种停滞状态（一般在 0.025 ~ 0.1mm），使得缝隙内部腐蚀加剧的现象称为缝隙腐蚀。缝隙腐蚀多发生在金属接触处和表面污垢处。

（4）电偶腐蚀　电偶腐蚀亦称接触腐蚀或双金属腐蚀。是因彼此腐蚀电位不同，造成同一介质中异种金属接触部位的局部腐蚀。发生腐蚀时，两种金属构成宏观腐蚀电池，产生电偶电流，使电位较低的金属（阳极）溶解速度增加，电位较高的金属（阴极）溶解速度减小。阴阳极面积比增大，介质电导率减小，都会使阳极腐蚀加重。

（5）晶间腐蚀　晶间腐蚀是沿着金属晶粒间的分界面向内部扩展的一种局部腐蚀。主要由晶粒表面和内部间化学成分的差异（钝性元素“贫乏”）以及晶界杂质或内应力的存在而引起。晶间腐蚀破坏晶粒间的结合，腐蚀发生后金属和合金的表面仍保持一定的金属光泽，肉眼一般看不出被破坏的迹象，但晶粒间结合力显著减弱，力学性能大为恶化，不能经受冲击或内压，是一种十分危险的腐蚀。通常多出现于一些不锈钢、镍基合金、黄铜以及硬铝合金中。由于在焊缝处存在几何形状、应力分布和材料组织三个方面的不连续，晶间腐蚀大多表现在焊缝热影响区，表现形式是开裂。目视检测有时难以发现，须辅以表面无损检测。

（6）焊缝腐蚀　容易在不锈钢焊缝区外侧出现的一种晶间腐蚀现象。其主要机理是不锈钢处于 425 ~ 815℃之间时，或者缓慢冷却通过这个温度区间时，造成碳化物在晶界沉积，进而造成最邻近的区域铬贫化使得这些区域对腐蚀敏感。这就是不锈钢的敏化现象，它的表现形式与晶间腐蚀现象完全一样。

（7）应力腐蚀开裂（SCC）　应力腐蚀开裂是金属在应力（拉应力或内应力）和腐蚀介质的联合作用下所发生的一种破坏。SCC的表面特征是形成开裂，裂纹既可以沿着晶界发展，也可以穿过晶粒扩展。由于裂纹扩展会使金属结构强度大幅下降，严重时会发生突然破坏。SCC在钢中发生的条件是：特定的金相组织 + 特定的腐蚀介质 + 一定水平的拉应力。在压力容器中常见的应力腐蚀是碳钢或低合金钢在湿硫化氢中或热浓的碱液中的应力腐蚀和不锈钢在含氯离子介质中的应力腐蚀。应力腐蚀多发生在焊缝部位，原因是焊缝的残余应力水平往往很高，焊缝热影响区的组合拉应力很高，同时焊缝热影响区在焊接时很容易产生敏感组织。对于应力腐蚀开裂目视检测有时难以发现，须辅以表面无损检测。

（8）氢诱导开裂（HIC）　压力容器的氢诱导开裂是碳钢或低合金钢在湿硫化氢介质环境中发生的腐蚀现象。它是连接金属中或金属表面不同平面上的邻近氢鼓泡的阶梯状内部裂纹。HIC的形成不需要外部作用压力。开裂的动力是氢鼓泡内部压力的累积引起的氢鼓泡周围的高应力。这些高应力区域之间的相互作用引起的开裂形成了钢中不同平面上鼓泡的连接。鼓泡中压力的累积与钢的氢渗透溶解度有关。钢中氢的来源是湿硫化氢的腐蚀反应。

压力容器目视检测很难发现氢诱导开裂，只有在钢的表面产生氢鼓泡后才能发现。氢鼓泡是钢中形成的平面的充满氢的不连续空洞（如气孔、夹杂、分层、硫化物夹杂）。鼓泡大多数发生于轧制钢板中，特别是那些由硫化物夹杂伸长后引起的带状微观结构。

（9）高温氢腐蚀　高温氢腐蚀有时也称氢损伤，主要发生在石油加氢、裂解以及其他化工装置中，是一种高温腐蚀现象。在高温高压条件下，气相的中氢以氢原子形式渗入钢中，与钢中的碳结合生成甲烷，造成钢脱碳，使强度、塑性降低，严重时可在钢中出现开裂，停工时可能会在钢表面形成鼓包。影响氢腐蚀的条件有温度、氢分压和材料种类三个因素。目前公认的评定氢腐蚀的标准是美国石油学会的 API 941。

压力容器发生氢腐蚀，目视检测一般不会发现。只有容器表面出现氢鼓包时，目视检测才会发现。

（10）磨损腐蚀　磨损腐蚀指金属摩擦副表面在相对滑动过程中，表面材料与周围介质发生化学或电化学反应，并伴随机械作用而引起损失的现象，亦称腐蚀磨损。腐蚀磨损通常是一种轻微的磨损，但在一定条件下也可能转变为严重的磨损。压力容器中经常出现的冲蚀现象就是磨损腐蚀的一种。

（11）高温腐蚀　金属材料在高温条件下与环境中的氧、硫、碳、氮等元素发生化学反应而导致的变质或失效称为高温腐蚀。高温腐蚀并无严格的温度界限，通常认为，当金属工作温度达到其熔点（绝对温标）的0.3~0.4以上时，就可认为是高温腐蚀环境。在石油化工、能源、动力、冶金、航空航天等领域普遍存在高温腐蚀问题。

各种腐蚀发生的部位及形态图解见图 3－14。

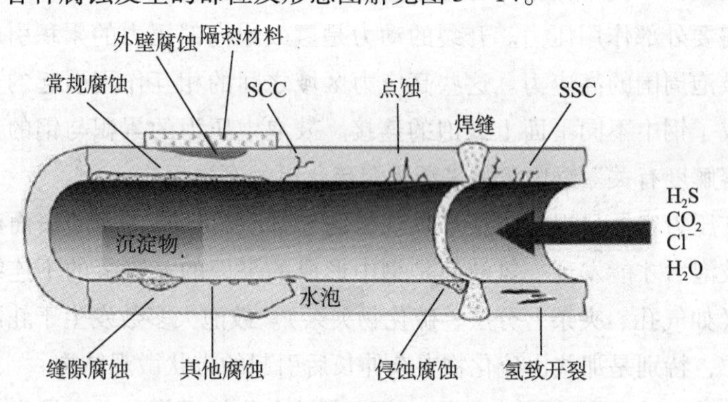

图 3－14　各种腐蚀发生的部位及形态图解

以上的 11 种腐蚀现象中晶间腐蚀、焊缝腐蚀和应力腐蚀应该在焊缝检测的腐蚀部分讲述，但是为了知识的完整性和连续性，所以一并在这一节中进行介绍。在阅读后面焊缝腐蚀部位的内容时，可参照本节。

压力容器的腐蚀目视检测应注意是否有腐蚀造成的表面重锈或蚀坑，如果有重锈，应进行针对重锈点的厚度测量，还应记录重锈的位置，向用户报告。对于蚀坑则应测量坑深，统计蚀坑的分布，并做好记录。必要时打磨蚀坑或对表面进行无损检测。

腐蚀坑深度的测量有许多方法，最常用和最有效的方法是用钢针将表面的腐蚀产物剥离并清除腐蚀坑底的腐蚀产物，使腐蚀坑完全暴露，然后将钢针伸入坑底，测量钢针伸入的长度。

图 3－15～图 3－20 是几种不同腐蚀现象的照片，照片中反映了几种不同的典型腐蚀形态。

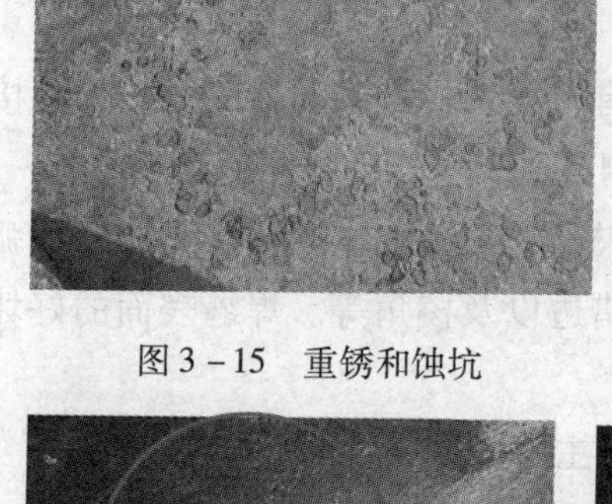

图 3－15　重锈和蚀坑

图 3－16　腐蚀花纹

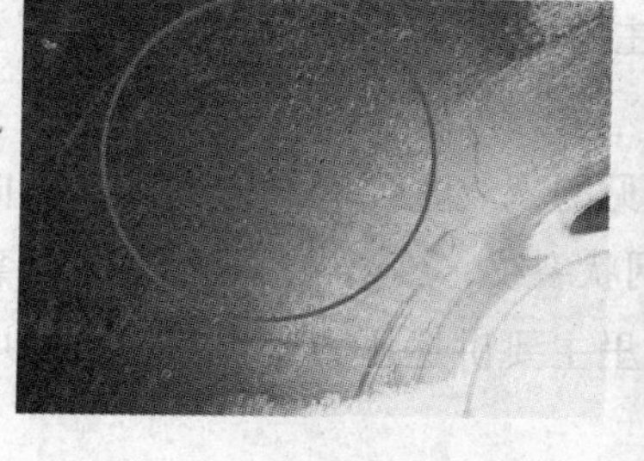

图 3－17　容器内壁的腐蚀

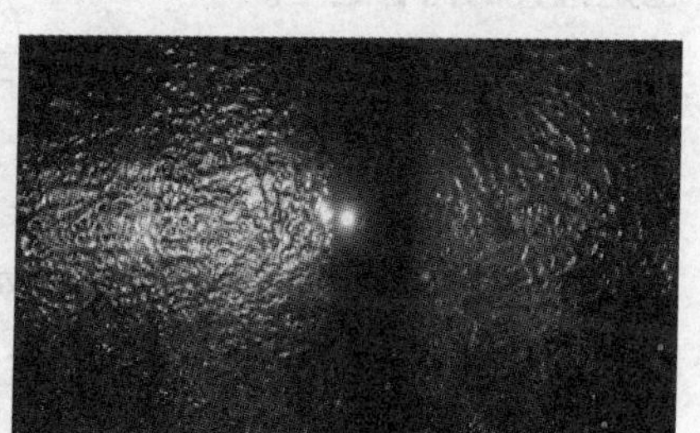

图 3－18　再沸器内壁腐蚀

图 3－19　高温氧化腐蚀

图 3－20　盐酸腐蚀

3.2.2　焊缝（焊接接头）检查

压力容器的焊接接头包括所有对接焊接接头和接管角接焊接接头。压力容器焊接接头的目视检测是压力容器检验的重点工作之一。检查的部位包括焊缝及其两侧的热影响区。检查的内容是裂纹、弧坑、咬边、未焊满、焊缝余高、错边以及棱角等。焊缝表面的好坏也是检查的内容之一。

焊缝检查尺是焊接接头检查的主要量具。

3.2.2.1 裂纹检查

裂纹的种类很多，压力容器常见的裂纹主要有纵向裂纹、横向裂纹、焊趾裂纹（熔合线裂纹）、网状裂纹、热影响区裂纹、密集裂纹等。裂纹的划分方法也很多。这里主要讲述压力容器目视检测中应特别注意的裂纹。

裂纹从其走向来说可分为纵向裂纹、横向裂纹和其他形式的裂纹，纵向裂纹指的是裂纹走向基本平行于焊缝走向的裂纹。无论裂纹发生的部位是在焊缝上还是热影响区，只要其走向与焊缝平行，都称其为纵向裂纹。图 3－21 和 3－22 中的裂纹就是纵向裂纹。

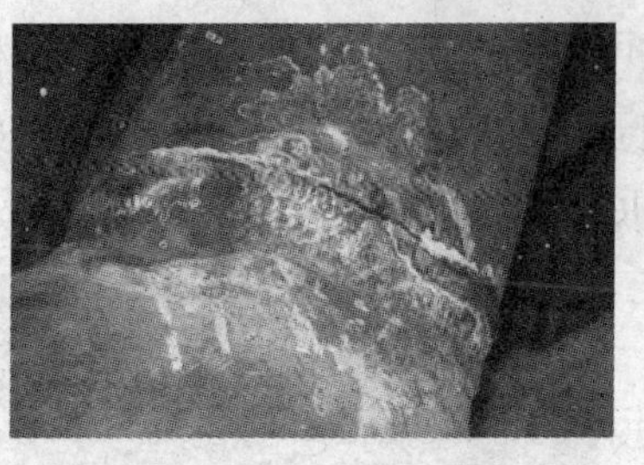

图 3－21　纵向裂纹（Ⅰ）

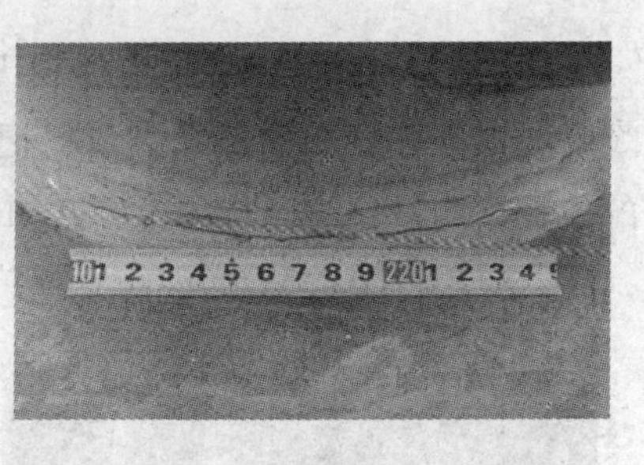

图 3－22　纵向裂纹（Ⅱ）

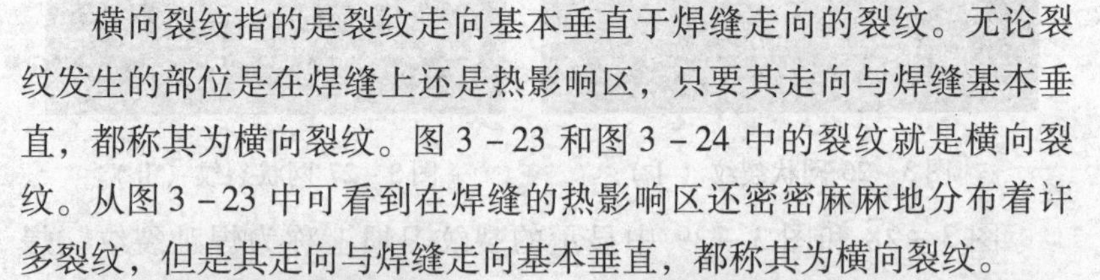

横向裂纹指的是裂纹走向基本垂直于焊缝走向的裂纹。无论裂纹发生的部位是在焊缝上还是热影响区，只要其走向与焊缝基本垂直，都称其为横向裂纹。图 3－23 和图 3－24 中的裂纹就是横向裂纹。从图 3－23 中可看到在焊缝的热影响区还密密麻麻地分布着许多裂纹，但是其走向与焊缝走向基本垂直，都称其为横向裂纹。

图 3－23　接管焊缝的横向裂纹

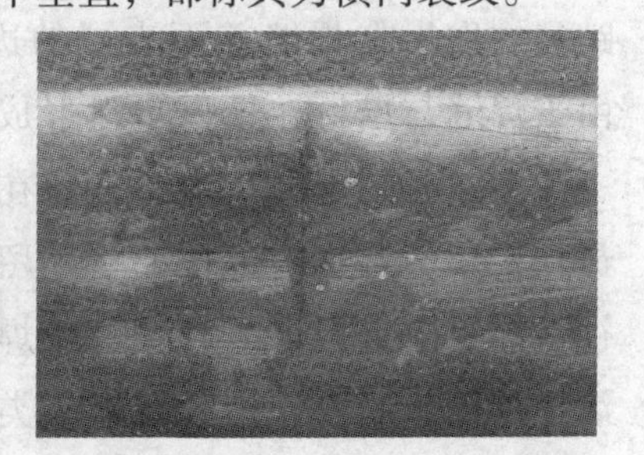

图 3－24　横向裂纹

图 3－25 中的裂纹从焊缝热影响区开始，成 45°角向母材扩展，它既不是纵向裂纹，也不是横向裂纹。在记录它的时候应加以说明。

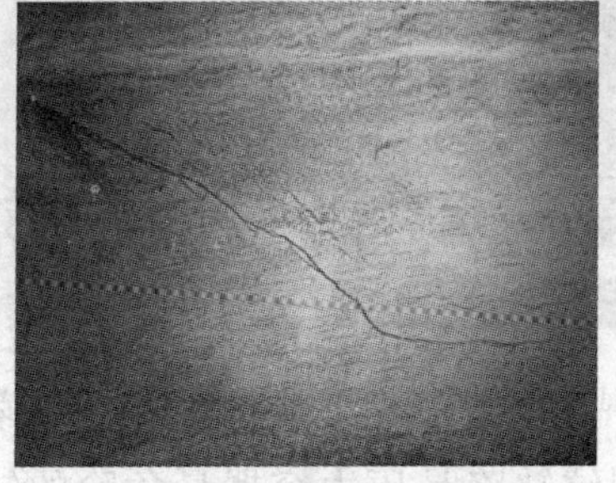

图 3－25　与焊缝成 45°角的裂纹

图 3－26 和图 3－27 的照片中可以看到密密麻麻的裂纹，这种裂纹习惯上称它们为网状裂纹。记录网状裂纹时，要标明裂纹所处的位置，测量裂纹区域的范围，如长度和宽度等。

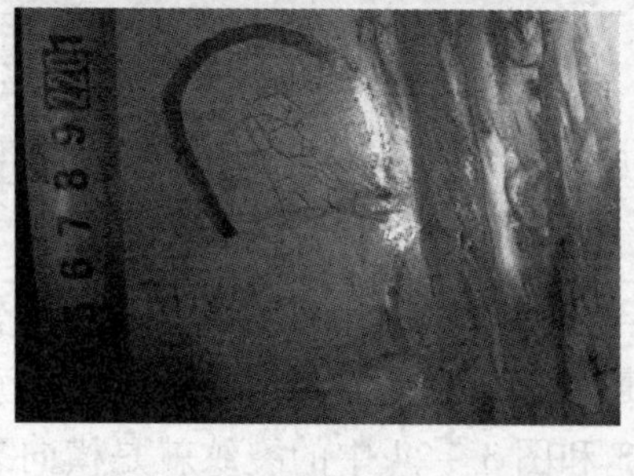

图 3－26 网状裂纹（Ⅰ）

图 3－27 网状裂纹（Ⅱ）

图 3－28 和图 3－29 中显示的裂纹习惯上称为焊趾裂纹。焊趾裂纹发生在焊缝盖面表层的边缘，即在焊肉和母材的边界上。由于焊缝与母材在这里自然形成一个边界，焊趾裂纹的走向与这一几何边界的走向一致，因此在目视检测中极易忽略。所以检验员在检查中对这一部位要格外留心，对接管角焊缝这一部位的目视检测更应重视，因为接管角焊缝一般不进行无损检测，或只做渗透检测，而渗透检测对这一类缺陷的显示也容易与几何边界混淆。如果在检查中有所怀疑，应要求对这一部位进行打磨，打磨后再仔细检查。

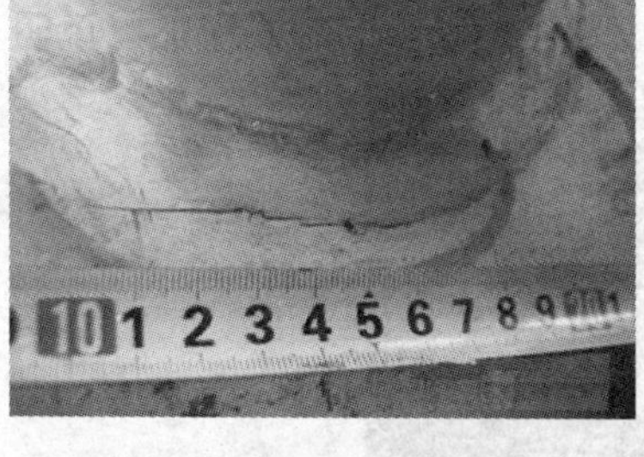

图 3－28　接管角焊缝的焊趾裂纹

图 3－29 对接焊缝的焊趾裂纹

众所周知，裂纹缺陷是压力容器最危险的缺陷。在压力容器检验中，发现裂纹是检验员最重要的检查工作，在检查过程中应特别注意。裂纹的成因多种多样，在初级教程中，重点是怎么发现裂纹，及记录裂纹。后面的中、高级教程中，将对裂纹的成因进行分析，并给出裂纹缺陷的处理方法。

3.2.2.2 咬边、弧坑的检查

在 GB/T 3375—1994《焊接术语》中对咬边的定义为：由于焊接参数选择不当，或操作方法不正确，沿焊趾的母材部位产生的沟槽或凹陷。

咬边的存在会减少母材的有效截面积，在咬边处会引起应力集中，低合金高强钢的焊接形成的咬边的边缘组织易被淬硬，容易产生裂纹。图 3－30、图 3－33 是焊缝表面咬边的照片，图 3－31 是咬边成因示意图，图 3－32 是在射线检测底片上显示出来的咬边。

弧坑与咬边同样也是焊接时烧出来的缺陷，它会发生在焊缝上，也会在母材上存在，它的危害与咬边基本相同。

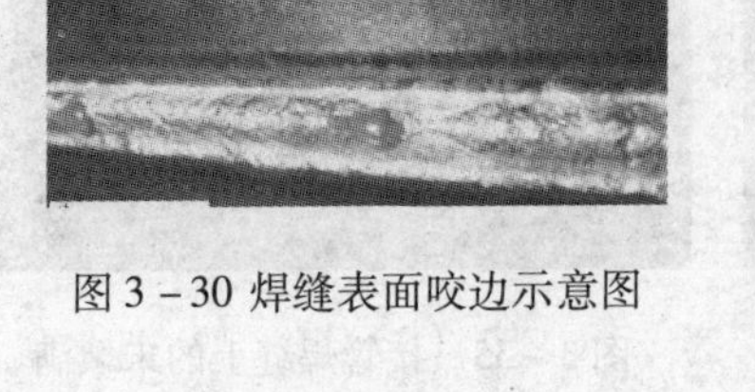

图 3－30 焊缝表面咬边示意图

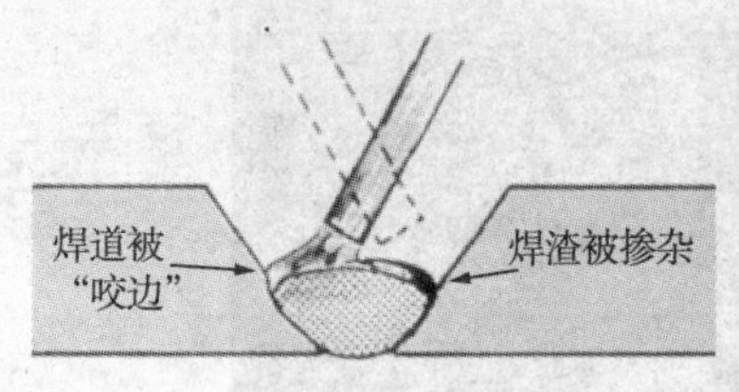

图 3－31 咬边成因示意图

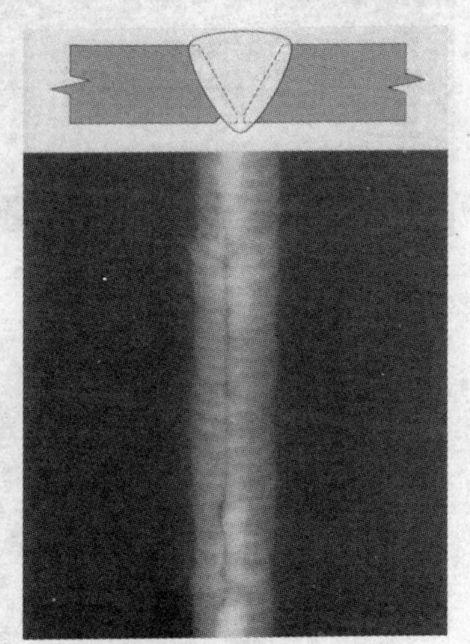

图 3－32 射线检测底片上显示的咬边

图 3-33 咬边

3.2.2.3 未填满和焊缝余高的检查

未填满指的是焊缝没有填充到与母材平齐，与咬边的区别是它不是焊接时烧出来的，而是在焊接时没有达到目标。图 3-34 和图 3-35是接管焊缝上的未填满照片。图 3-36 和图 3-37 是对接焊缝的未填满照片。

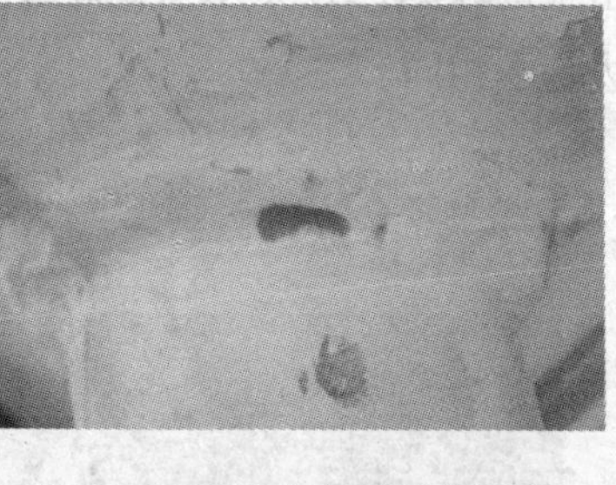

图 3-34　焊缝表面的未填满

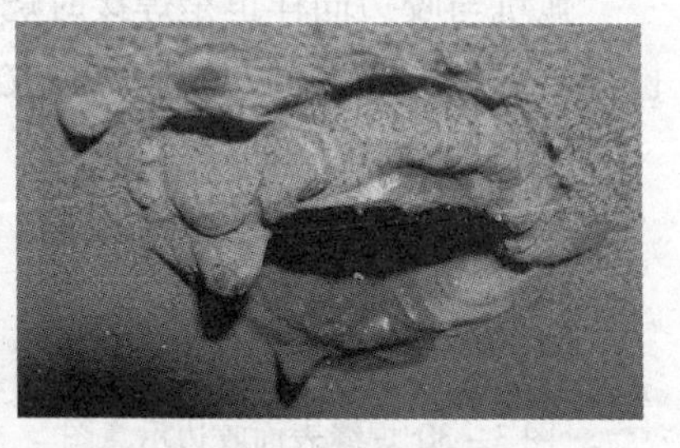

图 3-35　接管焊缝上的未填满

图 3-36　对接焊缝上的未填满（Ⅰ）

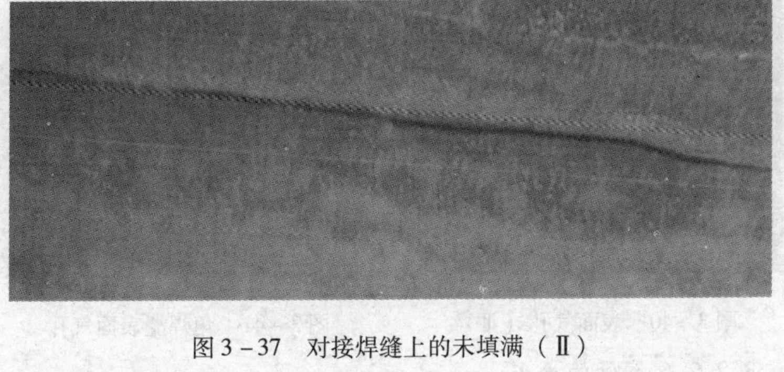

图 3－37　对接焊缝上的未填满（Ⅱ）

3.2.2.4 错边量和棱角度的检查

错边和棱角是焊接组对时造成的缺陷，错边和棱角会造成容器壳体的几何不连续，产生二次应力。错边和棱角的检查方法在第二章 2.4.6 节样板检查中进行了详细地描述，这里就不再重复了。检验员在目视检测中应注意观察，学会识别较大的错边和棱角。

3.2.2.5 焊缝表面气孔的检查

焊接操作不当很容易在焊缝表面产生气孔。在焊缝成型不好的部位，如起弧和收弧处以及焊接时不好操作的位置（如仰焊位置等）很容易发现焊缝的表面气孔。在检查中应特别注意，必要时应对以上提到的部位进行打磨。

图 3－38 ~ 图 3－41 是各种表面气孔的照片。

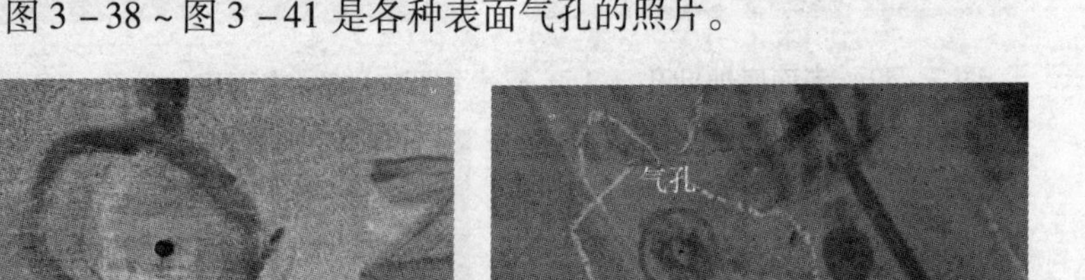

图 3－38　表面气孔（Ⅰ）　　图 3－39　表面气孔（Ⅱ）

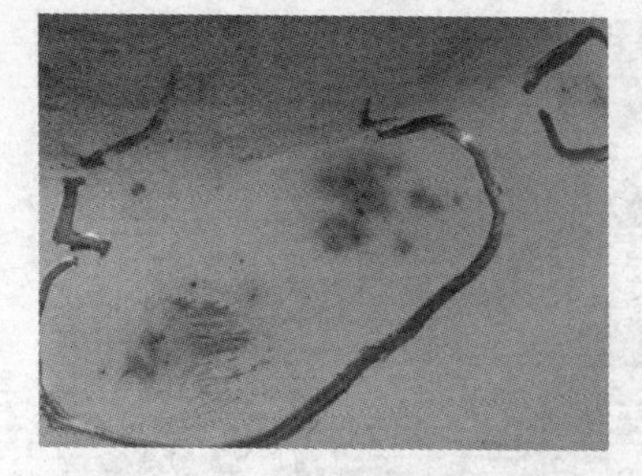

图 3-40　表面气孔（Ⅲ）

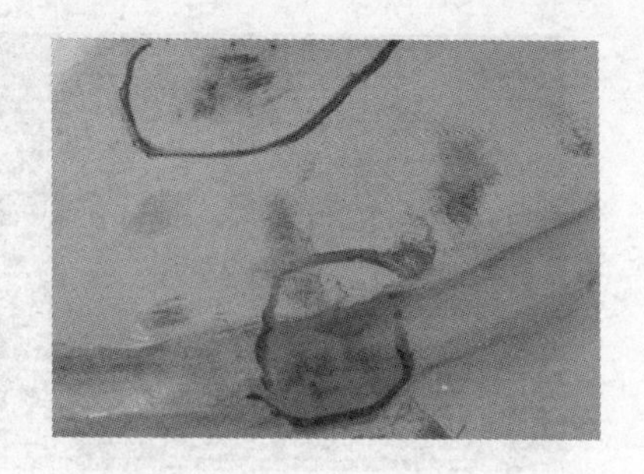

图 3-41　角焊缝表面气孔

3.2.2.6 腐蚀的检查

焊缝的腐蚀与母材的腐蚀基本相同，检查方法也基本相同，这里要强调的是焊缝的腐蚀针孔，检验员在检查中要特别注意识别表面气孔和腐蚀针孔。因为腐蚀针孔是运行中产生的缺陷，其危害性要远大于表面气孔。图 3-42 ~ 图 3-47 是各种焊缝表面腐蚀针孔的照片。

图 3-42　表面腐蚀针孔（Ⅰ）

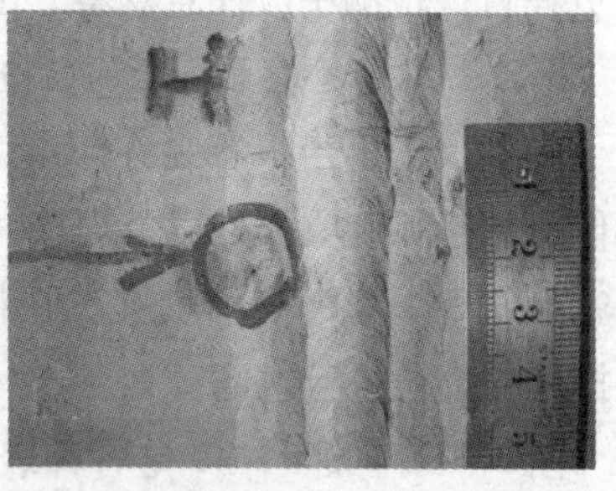

图 3-43　表面腐蚀针孔（Ⅱ）

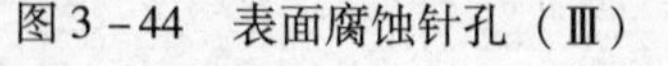

图 3-44　表面腐蚀针孔（Ⅲ）

图 3-45　表面腐蚀针孔（Ⅳ）

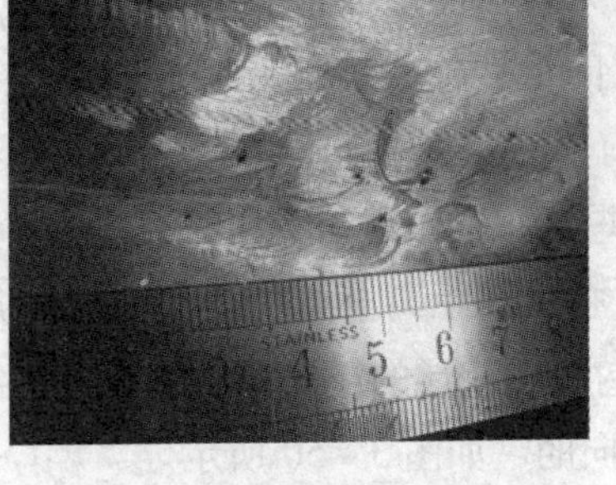

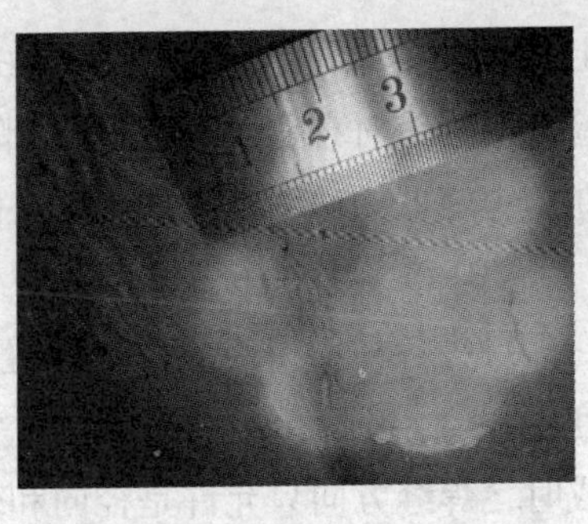
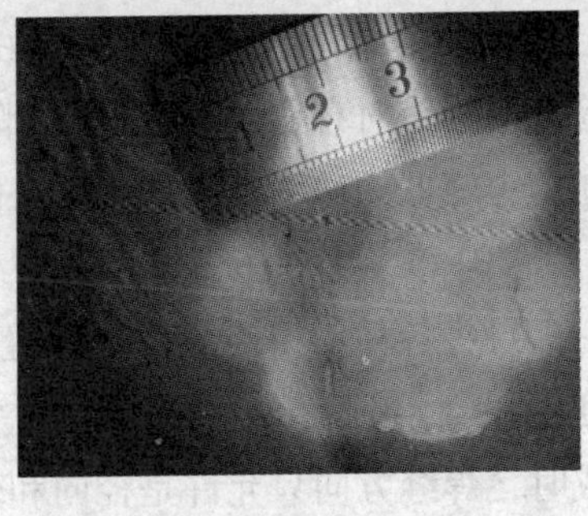

图 3－46　表面腐蚀针孔（Ⅴ）　　　　图 3－47　表面腐蚀针孔（Ⅵ）

无论是气孔还是表面腐蚀针孔，检查中都必须测量并记录孔的深度。有经验的检验员会判断一下大致的孔深，如果不影响容器的后续处理，不具体测量孔深。对于初级检验员来说，测量并记录孔深是非常重要的，准确的记录孔深和孔的分布情况，是检验员的一项基本功。这样有利于高级检验人员判断孔的危害程度，提出后续处理意见。在以往的检验中，经常发生由于检验人员未详细记录孔深和孔的分布情况而造成返工重检的情况。图 3－48 和图 3－49 是典型的表面点蚀照片，在图 3－49 中腐蚀坑和针孔已经串成了裂纹。

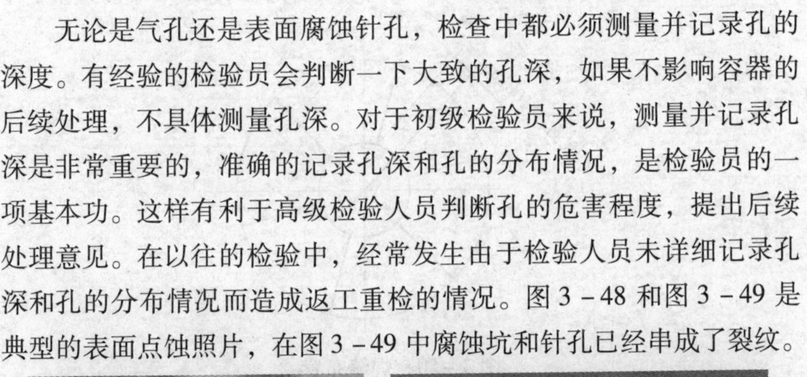
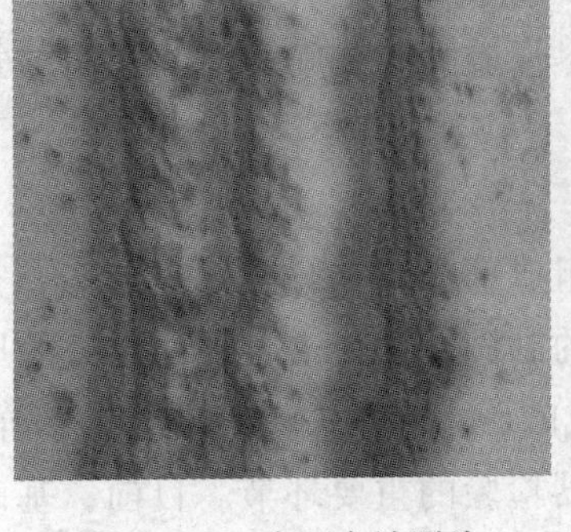
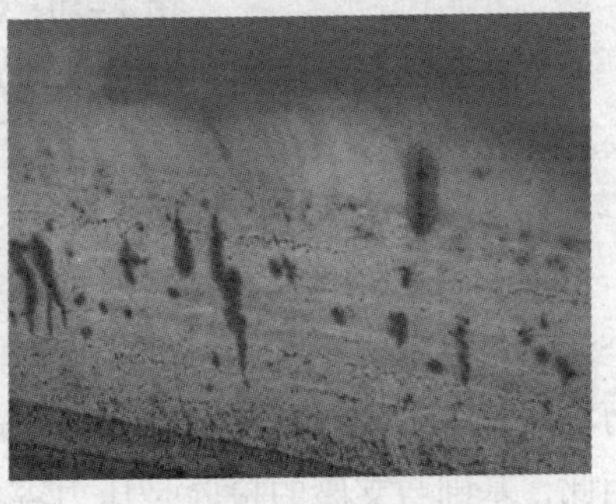

图 3－48　表面点蚀照片　　　图 3－49　典型的表面点蚀串成裂纹照片

3.2.2.7 焊缝布置检查

在压力容器的制造过程中，主筒体是按照工艺排板图下料的，但也有工艺排板图中焊缝布置不符合相关标准规定的情况，例如，一条焊缝上的两条丁字焊缝距离太近甚至重合、接管位于对接焊缝上或与对接焊缝距离过近等。在压力容器的定期检验中，焊缝布置检查指的是对布置不合理现象部位的重点检查，因为这些部位容易在压力容器的使用过程中产生缺陷。

GB150《钢制压力容器》中对焊缝布置做了如下相关规定：

封头各种不相交的拼焊焊缝中心线间距离至少应为封头钢材厚度 δ_s 的 3 倍，且不小于 100 mm。封头由成形的瓣片和顶圆板拼接制成时，焊缝方向只允许是径向和环向的，如图 3－50 所示。

先拼板后成形的封头拼接焊缝，在成形前应打磨与母材齐平。

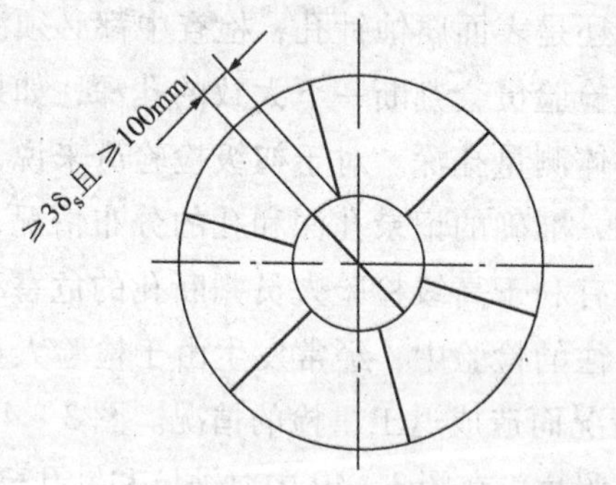

图 3－50　焊缝布置

容器内件和壳体焊接的焊缝应尽量避开筒节间相焊及圆筒与封头相焊的焊缝。

3.2.3　基础与支座的检测

基础与支座是压力容器的重要组成部分，它对压力容器能否安全使用至关重要。由于基础与支座的制做或设计不合理而导致的压力容器安全事故时有发生，由此造成的压力容器失效更是屡见不鲜。因此，基础与支座的检验是压力容器检验的重要环节。目前，基础和支座的检验基本上靠目视检测。

3.2.3.1 基础的检测

压力容器的支座大多固定在基础上，基础对压力容器安全运行的影响也是不可忽视的。

容器的基础都是由钢筋混凝土或耐火结构钢筋混凝土构成的，

应检查其是否有诸如剥落、开裂、下沉等缺陷。

剥落可能由过热、机械振动、钢筋腐蚀或潮湿冻结等引起。混凝土或防火材料上的裂纹可能由过热、设计或材料不良、机械振动、不均匀下沉引起。高温或湿度变化引起的混凝土或防火材料上产生的裂纹通常像头发一样细小，只要裂纹没有使混凝土中的钢筋暴露就不认为是严重腐蚀。

当出现大的裂纹并存在扩展但没有发生下沉时，可能是由于设计或材料不良引起的，需要仔细地检查和分析。如果设计正确，则裂纹很可能是混凝土材料不良引起的。

基础有可能下沉，当沉降均匀且沉降量不大时，不会有什么问题。若沉降量较大或不均匀时，则应采取措施以防严重损坏发生。基础有沉降时应做好沉降记录，可用铅垂线和钢尺对沉降进行粗检。当需要准确测量时，需用测量水平仪或其他仪器。

可见沉降可通过基础与其周围地面的不一致观察到。

图 3－51 是一个开裂的基础示意图。

图 3－51　开裂的基础

3.2.3.2 支座的检测

压力容器的支座用来支承其重量，并使其固定在一定的位置上。在某些场合下支座还要承受操作时的振动、风载荷和地震载荷等。压力容器支座的结构型式根据容器自身的型式分成卧式容器支座和立式容器支座，也有人将球罐的立柱单独作为一种结构形式。还有一些其他的支座形式，例如小型压力容器可直接由接管固定在管道上，但这些形式很少采用。

（1）卧式容器支座　卧式容器的支座通常采用鞍座，图 3－52 是卧式压力容器的鞍座示意图。检验中首先要检查支座的形式及数量，压力容器的鞍座通常有两个，其中一个是固定的，另一个是滑动的。图 3－53 中的（a）图是固定鞍座的底座图，（b）图是滑动鞍座的底座图，从图中可看出其区别在于底座上的螺栓孔，滑动鞍座的螺栓孔是长孔，以便于容器热胀冷缩时可以自由滑动。其目视检测时，首先应检查鞍座与容器的连接焊缝有无开裂、支座自身的焊缝有无开裂以及支座有无变形和错位等。其次检查紧固螺栓是否齐全、完好及有无松动。最后还应检查其可滑动支座是否能够顺畅滑动。图 3－54 和图 3－55 是鞍座的局部照片，其中图 3－55 是滑动支座。

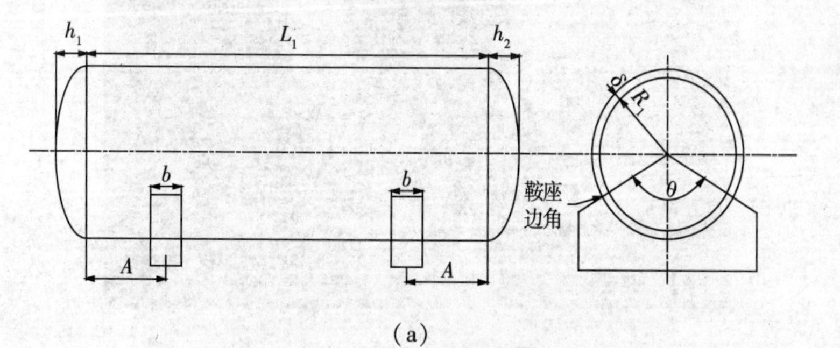

(a)

图 3－52　卧式压力容器的鞍式支座示意图

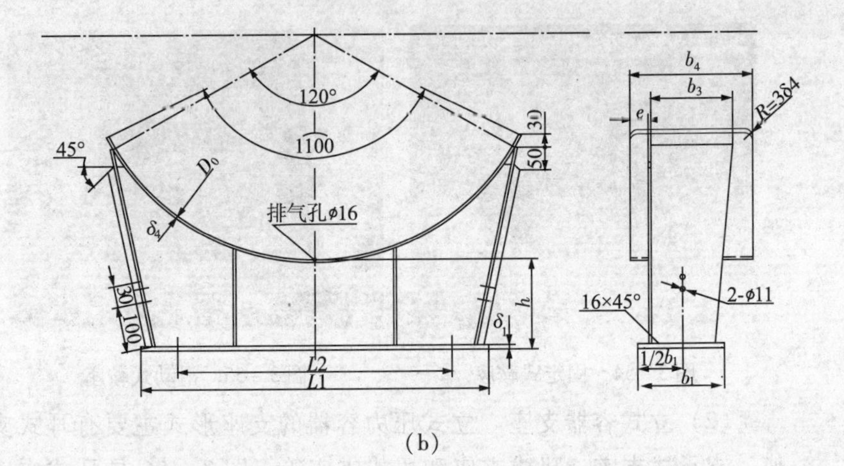

(b)

图 3－52（续） 卧式压力容器的鞍式支座示意图

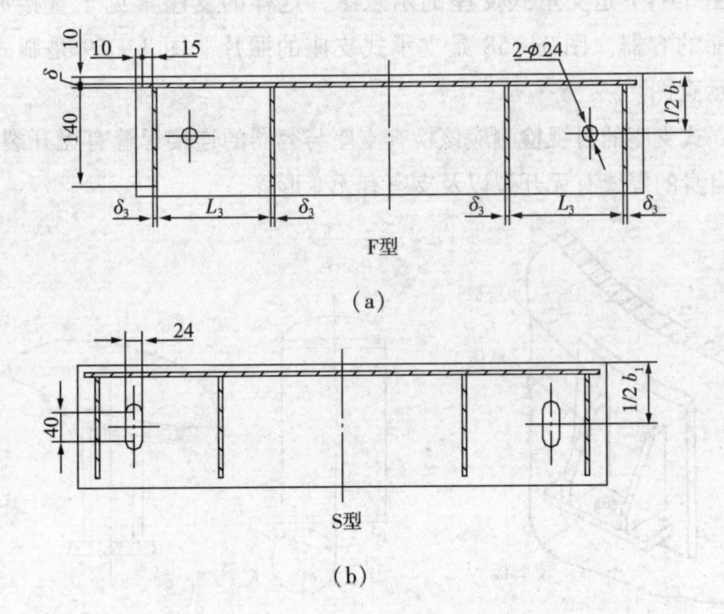

(b)

图 3－53 卧式压力容器的鞍式支座底座示意图

图 3－54　固定式鞍座

图 3－55　滑动式鞍座

（2）立式容器支座　立式压力容器的支座形式主要有耳式支座、支承式支座、腿式支座和裙式支座等。图 3－56 是耳式支座示意图，耳式支座布置在立式容器的侧面，通常用于框架中的容器。图 3－57 是支承式支座的示意图，这样的支座常见于直接放置地面的容器。图 3－58 是支承式支座的照片。图 3－59 是腿式支座示意图。

立式支座的目视检测应该检查支座与容器的连接焊缝有无开裂、支座自身的焊缝有无开裂以及支座有无变形等。

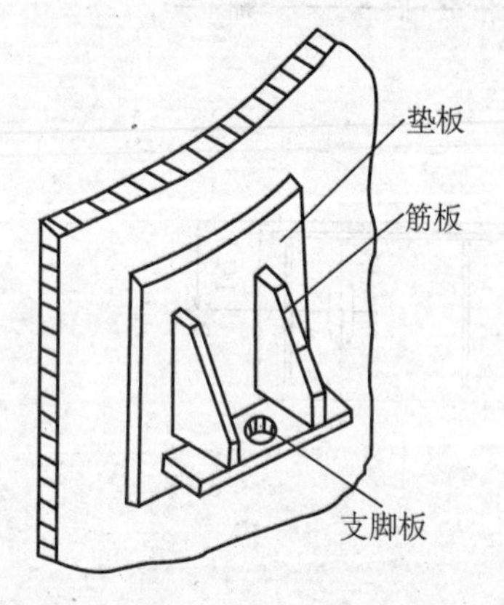

图 3－56　耳式支座示意图

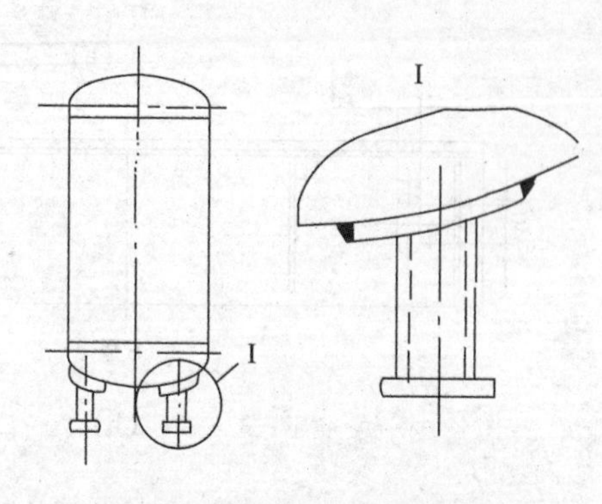

图 3－57　支承式支座示意图

图 3－58　支承式支座照片

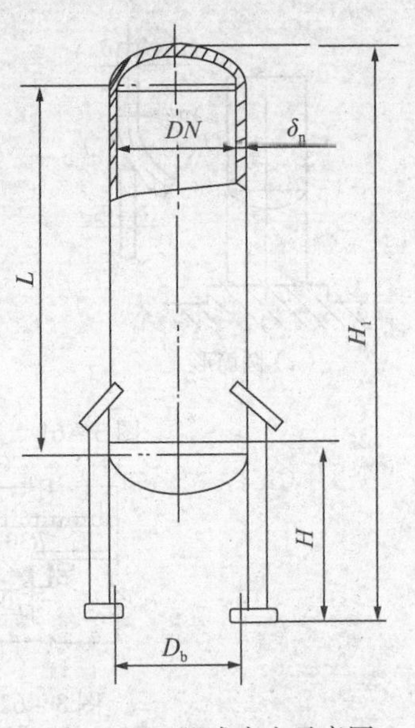

图 3－59　腿式支座示意图

（3）裙式支座　裙式支座常用于塔式容器和大型立式容器，裙座是最常见的塔设备支承结构（图 3－60）。按所支承设备的高度与直径比，裙座可分成圆筒形和圆锥形两种。由于圆筒形裙座制造方便且节省材料，所以被广泛采用。但对于承受较大风载荷和地震载荷的塔，需要配置较多的地脚螺栓和承受面积较大的基础环，且采用圆锥形裙座支承结构。图 3－61 是圆筒形和圆锥形裙式支座的示意图。裙座由裙座体、基础环板、螺栓座及地脚螺栓等结构组成。如果封头是由数块钢板拼焊而成，则应在裙座上相应部位开有缺口，以免连接焊缝和封头焊缝相互交叉，见图 3－62。

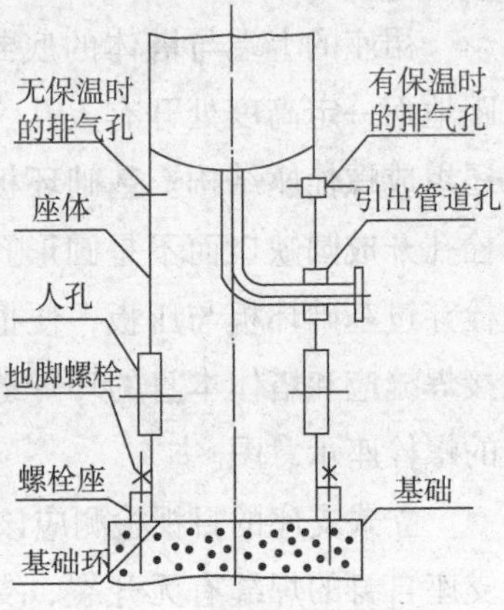

图 3－60　裙式支座示意图

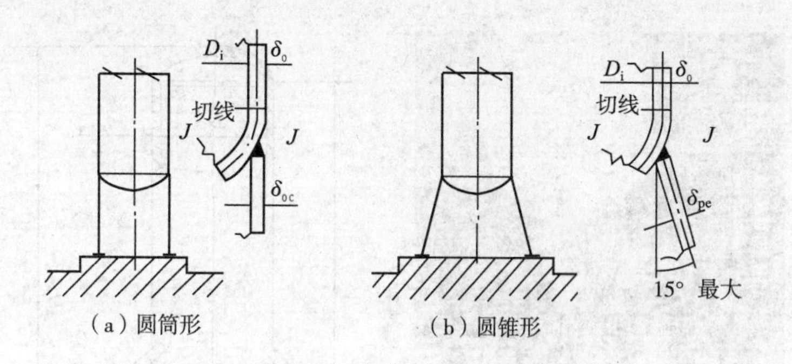

图 3－61　裙式支座示意图

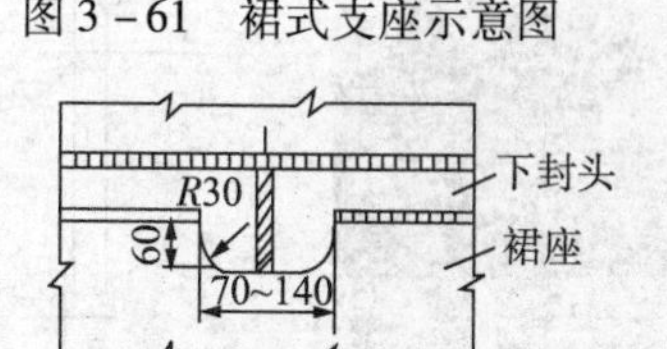

图 3－62　裙座焊缝布置

如果在检查中发现焊缝交叉现象，应按焊缝布置不合理进行记录。

裙座的上端与塔体的底封头焊接，下端与基础环、筋板焊接。距地面一定高度处开有人孔、出料孔等通道，基础环与上筋板之间还组成螺栓座结构。基础环板通常是一块环形板，基础环板上的螺栓孔开成圆缺口而不是圆形孔，螺栓座由筋板和压板构成。地脚螺栓穿过基础环板与压板，便把裙座固定在地基上。座体和塔体的联接焊缝应和塔体本身的环焊缝保持一定距离。图 3－63 是裙式支座的螺栓座示意图。

立式支座的目视检测应该检查支座与容器的连接焊缝有无开裂、支座自身的焊缝有无开裂、支座有无变形和错位等。此外，紧固螺栓是否齐全、完好及有无松动、支座与容器的连接焊缝是否与封头的拼缝交叉均应检查。

（4）立柱结构　球形容器大多采用立柱结构，但是约定俗成大家都将其称为支腿或球腿。图 1－1 中的照片和图 2－30 中的示意图都显示了

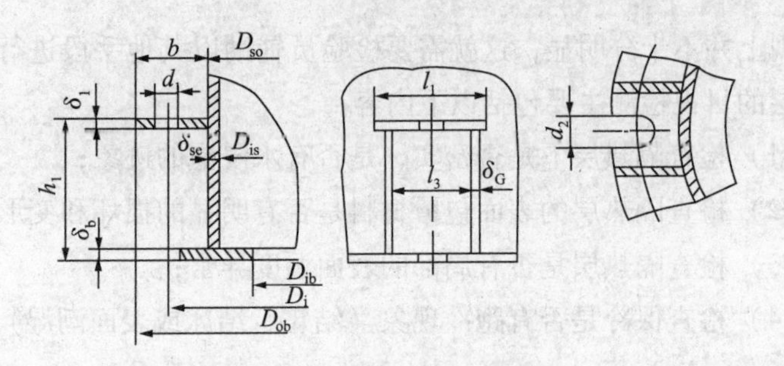

图 3－63　螺栓座示意图

球腿的形式。球腿的检查主要检查球腿与容器的连接焊缝有无开裂，检查支座有无变形、错位等缺陷，注意球腿与球壳之间的角度和距离变化可观察到球腿有无变形，检查基础的紧固螺栓是否齐全、完好、有无松动，检查球腿间的拉杆的松紧状况，如发现有过松的拉杆应进行记录。除此之外还应根据需要选择是否检查各个球腿的沉降。

3.2.4　隔热层的检测

隔热层是压力容器的重要部分，通常称为保温或保冷。许多压力容器的失效都与隔热层的破损有关，同样许多压力容器的失效也会在隔热层上有所反映。隔热层的失效可引起压力容器的外部腐蚀、应力腐蚀、超温、局部过热等严重影响压力容器安全使用的缺陷。例如在催化再生器上保温层的破损可能引起再生器的应力腐蚀，焦炭塔的保温损坏可能造成焦炭塔的鼓凸等。通常在压力容器的定期检验中，隔热层往往已经拆除，在拆除后的遗留部分也会给出很多信息，黏附在容器上的保温材料，很可能是容器泄漏造成的。在压力容器的年度检查中，隔热层的检查是重要的检验内容之一。图3－64是隔热层的照片。

隔热层的检查主要是检查它的完好程度，隔热层的作用多种多样。主要分为保温和保冷两类，容器壁温高于常温的习惯上称为保温，容器壁温低于常温的习惯上称为保冷。隔热层的失效形式主要有破损、脱落、潮湿、跑冷（指结霜、结冰或表面潮湿）等，如果隔热层明显发现破损和缺失，应进行详细记录。有些隔热层的失效在外观上并不十分明显，这就需要检验员辅助以其他手段进行检验。隔热层的目视检测主要包括以下内容：

（1）检查隔热层下是否密实，是否有水浸泡的迹象；

（2）检查隔热层的表面包覆材料是否有明显的损坏和变形；

（3）检查隔热层是否有局部的表面温度异常；

（4）检查保冷是否有跑冷现象（结霜、结冰或表面潮湿）。

图 3－64　隔热层照片

3.2.5　防腐层的检测

防腐层对压力容器的作用是不言而喻的，本节描述的防腐层指的是压力容器内外表面的防腐涂层。防腐层的失效可直接导致压力容器的腐蚀失效，当然防腐层对防止压力容器的应力腐蚀也有一定的作用，但是压力容器直接利用防腐层防止应力腐蚀的情况极其少见。主要原因是防腐层的可靠性不高，如果发生破损，就可能引起容器的应力腐蚀，并且应力腐蚀裂纹由于防腐层的遮盖不容易被发现，更容易造成压力容器安全运行的隐患。

压力容器最常见的防腐层是油漆，包括底漆和面漆，容器内部防腐层多采用树脂类涂料。常见的防腐层失效有锈点、鼓包（鼓泡）、起皮和剥落等。图 3－65 是压力容器内部防腐层鼓包的照片。外部防腐层的损坏根据外部的环境及防腐层的作用可不必理会，内部防腐层的损坏大多数情况下应进行记录。

图 3－65　压力容器内部防腐层鼓包

3.2.6　衬里的检测

压力容器的衬里大体可分为金属衬里和非金属衬里两类。非金属衬里的材料有很多种，大多采用耐腐蚀材料，主要用于低温、低压工况。非金属衬里压力容器包括搪玻璃压力容器（搪陶瓷压力容器）、石墨衬里压力容器、玻璃钢衬里压力容器、塑料衬里压力容器和耐火衬里压力容器等。图 3－66 和图 3－67 是非金属衬里压力容器示意图。

图 3－66　非金属衬里压力容器（Ⅰ）

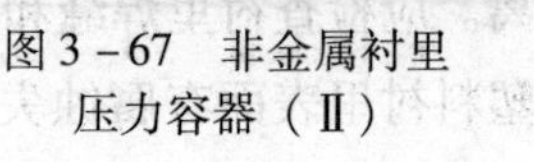

图 3－67　非金属衬里压力容器（Ⅱ）

3.2.6.1 非金属衬里压力容器的目视检测

（1）搪玻璃压力容器

检查搪玻璃层表面是否有腐蚀迹象，是否有磨损、划伤及脱落，例如法兰边缘的搪玻璃层是否有脱落，搪玻璃层修复部位有无腐蚀、开裂和脱落现象。

搪玻璃层如有腐蚀失光现象、磨损、机械损伤和划伤时应进行记录。

搪玻璃层表面有严重腐蚀、裂纹、脱落、磨损、划伤和机械损伤时，除进行详细记录外，还应上报并做进一步的检查。

（2）石墨衬里压力容器

石墨衬里压力容器的目视检测内容有：① 石墨件表面是否有腐蚀、磨损、剥层、掉块、裂纹等缺陷。② 石墨件黏接部位的黏接剂是否完好，有无腐蚀、开裂和渗漏。③石墨衬里层是否有腐蚀、磨损、剥落、裂纹、鼓包，与金属基体有无脱离，粘结缝是否开裂。

石墨件表面有腐蚀、剥层、掉块、裂纹、磨损、机械损伤以及黏接部位石墨黏接剂有缺陷等现象应进行记录。情况严重的还应上报，建议安排进一步的检查。

（3）玻璃钢衬里压力容器

玻璃钢衬里压力容器的目视检测内容有：① 检查容器内表面玻璃钢是否有腐蚀破坏、开裂、分层、磨损和划伤。② 玻璃纤维有无裸露。③衬里层是否脱落、鼓包。

玻璃钢衬里表面存在上述内容中的全部或部分现象时均应进行记录。情况严重的还应上报，建议安排进一步的检查。

（4）塑料衬里压力容器

检查塑料衬里压力容器时，应检查内表面是否有腐蚀破坏、老化开裂、磨损和划伤、鼓包以及塑料衬里是否与压力容器的金属基体分离。应检查衬里焊缝和连接部位是否有开裂、拉脱现象。

塑料衬里表面有腐蚀失光和变色现象、磨损、机械损伤和划伤现象、裂纹和鼓包以及衬里层与金属基体分层时应进行记录。情况严重的还应上报，建议安排进一步的检查。

（5）耐火衬里压力容器

在石油化工压力容器中，耐火衬里压力容器的使用比较普遍。比如催化装置反应系统中的龟甲网，气化和变换系统中的砌砖耐火衬里以及冷壁加氢反应器中的耐火衬里等。

耐火衬里检测主要是检查衬里的脱落、减薄和开裂等。如发现这些现象应进行记录。情况严重的还应上报，建议安排进一步的检查。特别是安排相应部位处的容器壳体的无损检测。图 3－68 是一个耐火衬里压力容器的简单示意图，图 3－69 是压力容器龟甲网的照片。

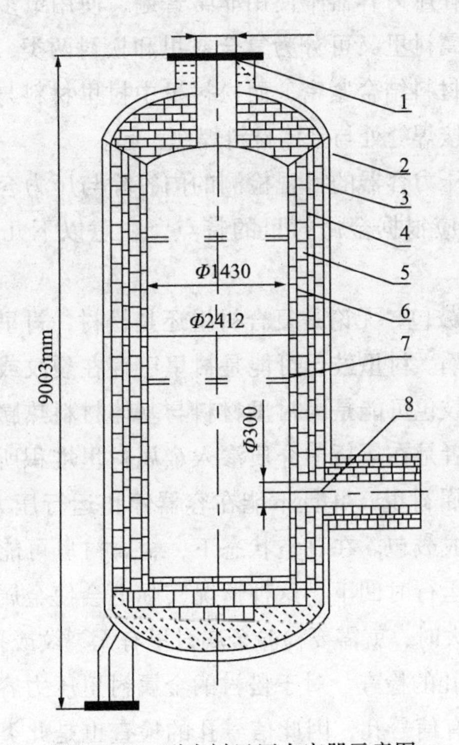

图 3－68　耐火衬里压力容器示意图

图 3－69　压力容器龟甲网照片

3.2.6.2 金属衬里压力容器的目视检测

金属衬里在压力容器中使用非常普遍，使用最多的是奥氏体不锈钢衬里。金属衬里又可分为复合衬里和松衬两类，复合衬里的衬里材料与基体材料结合紧密，而松衬里中衬里材料与基体材料无结合，只是在对接焊缝处与基体材料焊在一起。

金属衬里压力容器的目视检测的内容除与压力容器目视检测相同的内容外还应根据金属衬里的特点，注意以下几个方面的检查内容。

（1）衬里鼓包　无论是复合衬里还是松衬，衬里鼓包是必须记录和上报的缺陷。衬里鼓包可能是衬里已存在裂纹或在焊缝相邻区域存在孔洞。鼓包可能是因衬里材料与基体材料热膨胀系数差别较大而造成，或者是在运行中介质渗入金属衬里堆积所致。如果运行中介质渗入金属衬里，并且不能在容器停止运行压力降低时逸出，金属衬里就形成鼓包。在真空状态下，金属衬里可能在运行中鼓起并在容器停止运行时凹下。这种情况实际上会使金属衬里起皱，当鼓包或起皱变大时，就需要检验金属衬里有无裂纹或孔洞。

（2）信号孔的检查　对于松衬的金属衬里压力容器，一般在基体材料上都开有信号孔，因此信号孔的检查也是此类容器的主要检查内容之一。检验员应检查信号孔是否堵塞、有无泄漏的痕迹。内部介质是气体的此类容器在运行时应检查信号孔有无气体泄漏。

（3）裂纹　由于金属衬里与基体金属的热膨胀系数可能差别较大，在衬里的对接焊缝处更容易产生裂纹，应予以重视。如果在金属衬里中发现裂纹，应安排裂纹区域的后续无损检测以确定裂纹是否已扩展至覆层下或扩展至基体材料。

（4）局部腐蚀　检查衬里时发现已发生局部腐蚀的（特别是孔蚀和坑蚀），应详细记录并上报。

（5）内件的焊缝　接管或其它内件的焊缝必须重点检查。

3.2.7　堆焊层的检测

堆焊层与复合板中覆层的作用相似，不同的是复合板中的覆层是通过轧制、爆炸或爆炸 + 轧制复合的方式使两种金属材料实现冶金结合而覆在基体金属表面的，而堆焊层则是通过堆焊的方式将覆层金属熔敷到基体金属材料表面实现两种金属材料复合的，因此，焊缝可能存在的缺陷在堆焊层上都有出现的可能。通过堆焊复合金属材料的方法在炼油和化工行业的设备中应用非常普遍，如加氢反应器使用稳定的奥氏体不锈钢焊带或焊丝进行堆焊作为金属衬里，许多复合板压力容器在接管等许多不易使用或无法使用复合板的部位采用堆焊层。

图 3 – 70 是通过爆炸方式制造的金属复合板的接合面照片。照片中覆层与基材金属结合面的波浪是在爆炸过程中自然形成的。

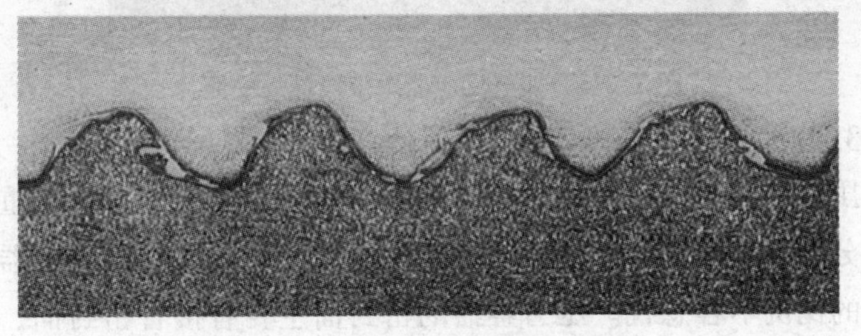

图 3 – 70　金属复合板的接合面照片

堆焊层除了具有焊缝的特点外，还具有容易与母材剥离的特点，由于氢的作用堆焊层与母材剥离的部位可能产生鼓包。在对加氢反应器的带极堆焊层进行检查时，必须对堆焊带逐层进行编号，除了检查焊缝可能存在的缺陷外，还应用灯光平行照射，检查有无鼓包。

图 3－71 是堆焊层的照片，图 3－72 是堆焊层及其表面裂纹的照片。图 3－73 是加氢反应器带极堆焊的照片。

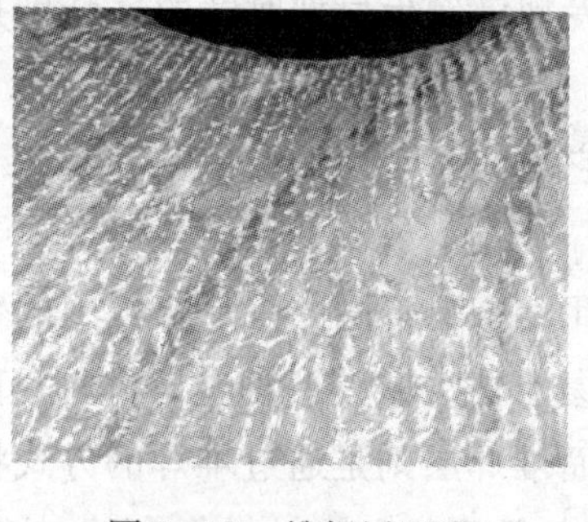

图 3－71　堆焊层照片　　图 3－72　堆焊层及其表面裂纹照片

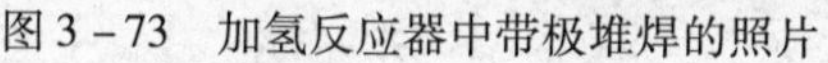

图 3－73　加氢反应器中带极堆焊的照片

3.2.8　密封面和紧固件的检测

压力容器的密封面和紧固件是保证压力容器安全运行的重要组成部分，因为压力容器的密封面或紧固件失效造成的压力容器安全事故的比例不容忽视。压力容器的密封面主要有接管密封面、人孔密封面以及封头和筒体采用法兰连接的法兰密封面等。压力容器的紧固件主要是螺栓和螺母。压力容器的密封垫片也是保证压力容器安全运行的主要零件之一，但由于它不在压力容器定期检验的范围之内，这里不进行详细地描述。

压力容器密封面主要有法兰密封面和螺纹密封面两种，其目视检测主要是检查密封面上有无裂纹、腐蚀、机械损伤等影响压力容器密封的缺陷。法兰密封面的变形也是影响密封性能的主要缺陷，但是这一缺陷难以直接用肉眼观察出来，需要借助于其它工具来检查。最简单实用的方法是用一块玻璃放置于密封面的表面，观察密封面与玻璃的接触情况。

压力容器的紧固件主要是指的是紧固螺栓和螺母，紧固件的检查主要是检查螺栓和螺母有无裂纹、腐蚀和机械损伤等缺陷，特别是螺纹部分的缺陷。螺纹部分的缺陷往往会引起使用中的失效。图3－74是一个螺栓的实物图，图中的光杆部位如果出现轻微的损伤一般不影响螺栓的使用，但螺纹部分如果出现损伤时一般应考虑更换。

对 M36 以上（含 M36）的设备主螺柱应当逐个清洗，检查其有无损伤和裂纹。重点检查螺纹及过渡部位有无环向裂纹。图 3－74 为螺栓示意图。

图 3－74　螺栓示意图

另外，地脚螺栓也应该进行仔细地检查，地脚螺栓不一定要拆下来检查。未拆下的地脚螺栓主要是检查其有无损坏，紧固是否正常等。

压力容器的年度检查时或者是不开罐检查时，紧固件一般不会被拆除，密封面也不会暴露出来供检验员检查。这时主要是检查密封面的结合部有无泄漏的痕迹，检查紧固件有无明显的损伤。

3.2.9 接管和法兰的检测

在这里接管指的是容器与外界连接的管道，包括人孔和手孔的接管。法兰是焊接在接管上与外部设备连接的部位，有时法兰上也会安装盖板，如人孔、手孔等。压力容器接管和法兰的目视检测非常重要，同时也是检验员最容易忽略的。接管的检测包括接管与容器壳体的连接焊缝以及接管与法兰的连接焊缝。压力容器的接管由于位置的原因往往不容易观察，但接管中经常容易发现在壳体上没有的缺陷。由于一些接管安装时操作不便，容易在制造和维修过程中产生一些缺陷。如接管位置不正、焊缝未焊透、未填满、飞溅、焊瘤等，严重的还有焊趾裂纹。此外，接管内部更容易出现比容器内部更加严重的腐蚀现象。

(1) 接管及其角焊缝

在接管的目视检测中，由于检查位置往往受到很多限制，因此在检查接管时需要用到灯光和反光镜。接管内部大多数情况下应当用灯光法来检查。接管上面可能存在的缺陷与壳体和焊缝上可能存在的缺陷性质相同，这里不再重复。需要强调指出的是，大多数接管由于与外界直接相连，更容易受到外力的影响，接管的变形是主要的检查特点。靠尺是检查接管变形的比较有效的工具，如果发现接管变形，应该注意对接管焊缝的裂纹进行检查。另外注入管和盲管也是容易产生腐蚀的部位，对于这两类接管及其附近的壳体应特别注意检查腐蚀。

图 3-75 是一个容器接管在运行过程中泄漏打堵漏卡子的照片，检验员在检测中发现这种现象时，应将堵漏卡子拆除，观察接管的表面情况，详细记录并上报。曾发生过因检验员未注意堵漏卡子而造成漏检事故的案例。

图 3－75　接管上的堵漏卡子

（2）法兰

法兰是压力容器的重要部件，它的失效会引起压力容器的泄漏。法兰的目视检测要观察法兰表面有无裂纹，有无机械损伤，凹坑、焊瘤、弧坑、变形、腐蚀等缺陷。这里要着重强调的是法兰的密封面的观察和法兰的变形，如果法兰的密封面受到损坏，或者是法兰产生变形，都会影响法兰的密封性能，使得压力容器在运行中产生泄漏。法兰的变形检测可使用靠尺或水平尺。图 3－76 为法兰与盲板的照片。图 3－77 为法兰被腐蚀的照片。

图 3－76　法兰与盲板的照片

图 3－77　法兰被腐蚀的照片

3.2.10 安全附件

压力容器的安全附件起着保证压力容器安全运行的作用，对压力容器的安全使用非常重要。压力容器的安全附件主要有压力测量显示装置、温度测量显示装置、液位测量显示装置和压力泄放装置等。

（1）压力测量显示装置

压力测量显示装置有压力表、压力变送器、压力传感器等。压力表应安装在醒目的地方，便于操作人员观察，同时要注意避免受辐射热、低温及震动的影响。压力表接管应直接与容器本体相接。为了便于更换和校验压力表时的拆卸，压力表与压力容器之间应装设三通旋塞。旋塞应装在垂直的管段上并设有开启标志。对于介质为蒸汽的压力容器，在压力表与容器之间应装有存水弯管。对盛装高温、强腐蚀及凝结性介质的压力容器，压力表与容器之间应装有隔离缓冲装置。如发现压力表指示失灵、刻度不清、表盘玻璃破裂、泄压后指针不回零位以及铅封损坏等情况，应立即校正或更换。

在现代化工装置中，有些压力的显示含在装置的 DCS 系统上，在压力容器本体上并不装设压力的显示装置。

（2）温度测量显示装置

温度测量显示装置较多，有各种各样的温度计和温度传感器。与压力测量显示装置类似，在现代化工装置中，许多温度显示包含在装置的 DCS 系统上，在压力容器本体上并不装设温度的显示装置。

（3）液位测量显示装置

液位测量显示装置的种类也很多，有各种各样的液位计。一般压力容器的液面显示多用玻璃板液面计，如图 3-78 所示。石油化工装置的压力容器，如各类液化石油气体的储存压力容器，选用各种不同作用原理、构造和性能的液位指示仪表。介质为粉体物料的压力容器，多数选用放射性同位素料位仪表指示粉体的料位高度。盛装 0℃以下介质的压力容器，应选用防霜液面计。介质为易燃、毒性程度为极度和高度危害的液化气体压力容器，应采用板式或自动液面指示计，并应有防止泄漏的保护装置。液面计应安装在便于观察的位置。如液面计的安装位置不便于观察，则应增加其他辅助设施。液面计的最高和最低安全液位，应作出明显的标记。液面计玻璃板（管）有裂纹、破碎或阀件固死、或经常出现假液位的应维修或更换。同样，现代化工装置中，压力容器的液位大多显示在装置的 DCS 系统上，在压力容器本体上并不装设液位的显示。

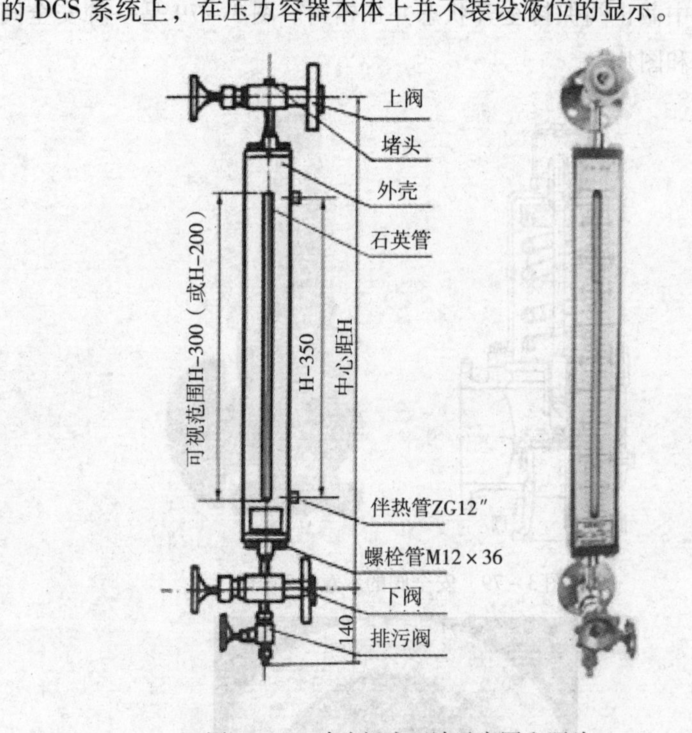

图 3－78　玻璃板液面计示意图和照片

（4）压力泄放装置

压力泄放装置有安全阀和爆破片两类。安全阀应垂直向上安装在压力容器本体的液面以上气相空间部位，或与连接在压力容器气相空间上的管道相连接。安全阀确实不便装在容器本体上而用短管与容器连接时，则接管的直径必须大于安全阀的进口直径，接管上一般禁止装设阀门或其他引出管。压力容器一个连接口上装设数个安全阀时，则该连接口入口的面积至少应等于数个安全阀的面积总和。压力容器与安全阀之间，一般不宜装设中间截止阀门，对于盛装易燃、毒性程度为极度、高度、中高度危害或黏性介质的容器，为便于安全阀更换、清洗可装截止阀，但截止阀的流通面积不得小于安全阀的最小流通面积，并且要有可靠的措施和严格的制度以保证在运行中截止阀保持全开状态并加铅封。图 3 - 79 是一种安全阀的示意图和图片。

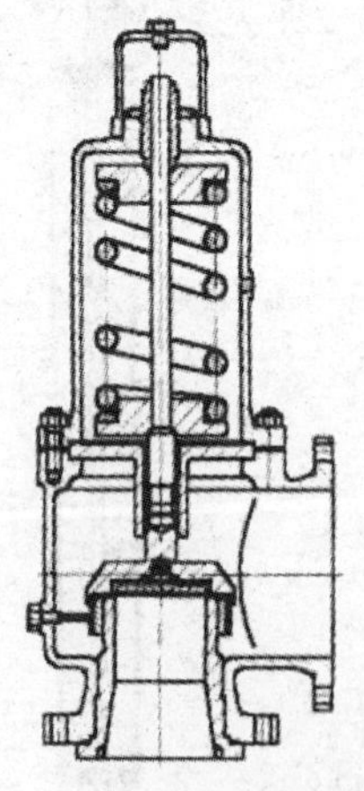

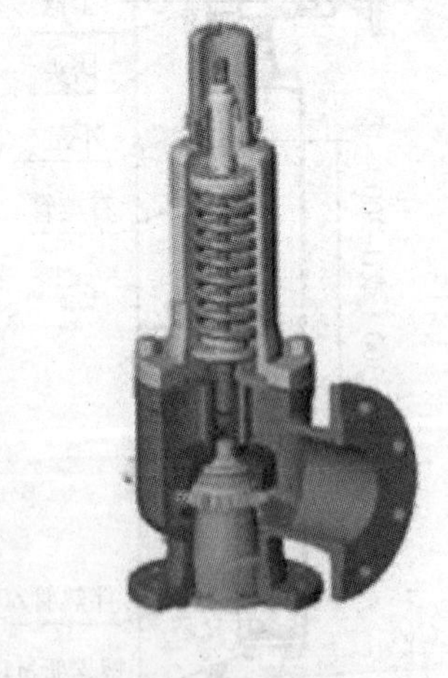

图 3 - 79　安全阀的示意图和图片

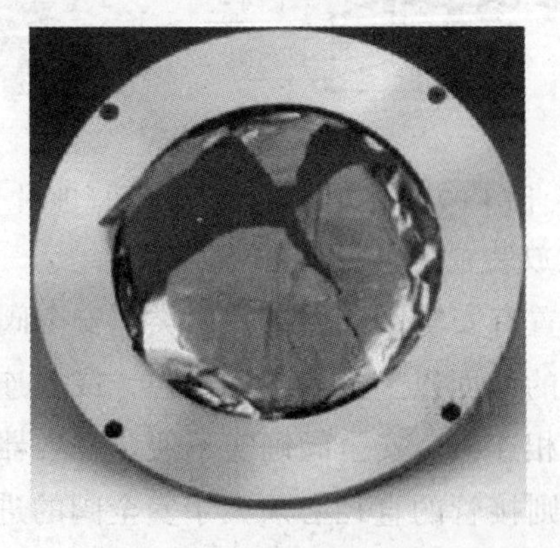

图 3 - 80　爆破片的照片

安全附件的目视检测主要是检查安全附件是否齐全，有无在使用中妨碍安全附件正常工作的缺陷。如压力表、安全阀的通道是否畅通等。如果发现有妨碍安全附件正常工作的缺陷，应记录并上报。

在化工厂中，许多安全附件安装在系统中，并不一定装在压力容器上。检验员应确认在系统中有能够起到有效作用的安全附件。

爆破片又称防爆膜、防爆板，是一种断裂型的安全泄压装置。爆破片具有密封性能好，反应动作快以及不易受介质中黏污物的影响等优点。但它是通过膜片的断裂来泄压的，所以泄压后不能继续使用，容器也被迫停止运行。爆破片的结构比较简单。它的主零件是一块很薄的金属板，用一副特殊的管法兰夹持着装入容器的引出短管中，也有把膜片直接与密封垫片一起放入接管法兰的。容器在正常运行时，爆破片虽可能有较大的变形，但它能保持严密不漏。当容器超压时，膜片立即断裂排泄介质，避免容器因超压而发生爆炸。图 3－80 是一种爆破片的照片。

4 目视检测发现缺陷的处置

发现缺陷是检验员的任务，如何处理缺陷则是用户所关心的。对于初级检验员来说，发现缺陷后的主要工作就是记录和上报，并安排进一步的无损检测。关于缺陷的记录，在前面两章中已有详细的描述。应该指出的是对于裂纹性缺陷，记录后可进行适当地打磨，完全打磨出金属光泽后，观察裂纹的变化情况，并再次进行记录。

前面已强调指出宏观检验是压力容器检验中最重要的检验环节，它对检验的质量起着至关重要的作用。检验员对在目视检测中发现的缺陷所做的处置往往关系到压力容器检验的成败。检验员对目视检测中发现的缺陷必须进行上报，上报材料一式两份，一份交用户，以便用户对进一步的检验维修工作尽早作出安排，同时也反映我们的检验成绩。另一份报上一级的技术负责人，提请对检查出的缺陷进行分析，在分析的基础上提出相应的处理措施。在这里强调指出的是，上一级的技术负责人并不一定在现场，如果上一级的技术负责人不在现场，应通过网络或其他通讯手段向其报告相关信息，有经验的高级人员通过网络传达的信息就可以进行相应的分析工作。

目视检测只是压力容器检验中的一个环节，这一环节并不能解决所有的问题，安排进一步的检验是目视检测重要的后续工作。虽然在压力容器的检验方案中往往都有无损检测项目的安排，但是目视检测的结果对后续检测工作的补充和提示作用是不可忽视的。检验员必须对后续检测工作提出相应的要求，并监督所提出的要求在后续检测工作中的执行情况。本章的重点是对目视检测中的缺陷所给出后续检测的要求内容。

4.1 裂纹

众所周知，裂纹类缺陷在压力容器中是最危险的缺陷，因此在压力容器目视检测中，只要发现了裂纹，无论在什么部位，发现了什么类型的缺陷，都必须对其进行无损检测。这一节中我们将对在压力容器各个不同部位发现缺陷时所应安排的后续无损检测进行说明，并阐述安排后续检测的理由。

4.1.1 表面无损检测

在对裂纹缺陷进行无损检测的各种方法中，最敏感的无损检测方法是表面无损检测，包括磁粉检测（MT）和渗透检测（PT）。一般来说，对于铁磁性材料应优先选用磁粉检测，但是在有些场合，由于空间的限制和观察的不便等因素，铁磁性材料也只能选用渗透检测。非铁磁性材料只能选用渗透检测，最常见的压力容器非铁磁性材料是不锈钢。

如果裂纹处于焊缝部位，无论是焊肉、熔合线、热影响区，都必须安排裂纹部位背面的表面无损检测。

即使在容器检验方案中已经安排了发现裂纹部位的表面无损检测，检验员也必须将检出的裂纹情况告知无损检测人员，并将裂纹的检查记录提供给无损检测人员。

4.1.2 埋藏缺陷的无损检测

如果在焊缝部位发现裂纹，则必须对焊缝的埋藏缺陷进行无损检测。埋藏缺陷的常规无损检测包括超声波检测（UT）和射线检测（RT）。一般应尽量优先选用超声波检测，因为超声波检测对线性缺陷更敏感（裂纹属于线性缺陷的一种）。

堆焊层和复合层发现裂纹，应对堆焊层的剥离情况进行检测，常用的检测方法是超声波检测。

4.1.3 硬度检测

硬度检测简单易行，它的检测结果有助于对裂纹成因的判断，因此，对发现裂纹的部位应进行硬度检测。

4.1.4　金相检验

如果需要对裂纹成因进行判断，也就是说需要对裂纹进行失效分析，就必须对裂纹进行金相检验。

4.2　机械损伤、工卡具焊迹、电弧灼伤、飞溅、焊瘤、凹坑

机械损伤、工卡具焊迹、电弧灼伤、飞溅、焊瘤、凹坑这六种缺陷都有一个共同的特点，它们都是制造、运输和维修过程中造成的缺陷，只有极少数的使用环节会造成机械损伤。对于这几种缺陷的处理方法是记录、上报、打磨、安排对缺陷部位的表面检测。

这类缺陷往往会造成产生应力集中的尖锐底部，应将它们修磨圆滑。

容器壳体表面的弧坑和电弧擦伤产生的焊疤处，由于电弧以极高的速度加热和冷却，产生局部热应力和显微组织变化，使材料的淬硬倾向加剧，甚至产生缺口或弧坑裂纹。上述影响对于强度较高的材料更为明显，对于奥氏体不锈钢，还会明显影响材料的耐蚀性能。对这类缺陷通常采用打磨的方法进行处理。

飞溅、焊瘤类缺陷会在底部产生腐蚀，应打磨消除。

4.3　鼓包

如果在检查中发现鼓包，应及时上报。小的鼓包可以打磨消除，打磨后应观察鼓包内的情况并记录，然后进行表面无损检测。比较大的鼓包不宜打磨，应该对鼓包部位进行超声波测厚，如有必要，应进行针对鼓包部位及其附近分层状况的超声波检测。

4.4　变形

如果确定变形是在使用过程中产生的，应安排变形影响区域的

表面无损检测，对于变形影响区域中的焊缝，如有可能应安排针对埋藏缺陷的无损检测。

4.5 泄漏

如果在检查中发现泄漏的痕迹，应做好记录并及时上报。如果后续的无损检测不能保证将泄漏全部检出，应安排水压试验或严密性试验。

4.6 过热

如果在检查中发现有过热的迹象，应做好记录并对过热部位进行硬度测定。如有必要，还应对过热区域进行金相检验。对过热区域及周边区域的焊缝还应进行表面无损检测。如有必要，可进行针对埋藏缺陷的无损检测。

4.7 腐蚀

腐蚀是压力容器目视检测中常见的缺陷，腐蚀的检查和记录在前面已作了详细地介绍。本节主要介绍发现腐蚀并进行了相应记录的上报后，还应安排的后续检验。

4.7.1 超声波测厚

如果在容器的壳体和接管上发现了腐蚀，应对腐蚀部位进行超声波测厚。如果在容器的支座上发现腐蚀且腐蚀现象不很严重、或者仅仅是小范围的局部腐蚀时，没有必要进行超声波测厚。否则也应进行超声波测厚。

4.7.2 表面无损检测

如果容器内部（接触介质）腐蚀严重，尤其是焊缝位置腐蚀严重时，应对腐蚀部位的表面进行无损检测。

4.7.3 强度校核

对于腐蚀凹坑，除详细记录凹坑尺寸外，应对凹坑部位进行强度校核。壳体、接管及接管补强部位有严重腐蚀时，应对腐蚀部位进行强度校核。

4.7.4　腐蚀产物分析

如果需要分析产生腐蚀的原因，可对腐蚀产物进行成分分析。大部分容器的腐蚀原因都是已知的，检验的主要目的是掌握腐蚀的程度，保证容器不因为腐蚀而失效。但是有时在容器的检验中会发现正常使用中本不应该发生腐蚀的场合却发生了腐蚀，这时用户都希望能找到发生腐蚀的原因，腐蚀产物分析可有效帮助专家分析腐蚀原因，并提出预防措施。

4.8　咬边、未填满

咬边与未填满都是焊缝缺陷，它们有时形状相近，但是性质却完全不同，初级检验员并不一定能够完全区分这两种缺陷。咬边指的是焊接过程中电弧对母材的灼伤，而未填满是在焊接过程中没有将焊缝填满。这两种缺陷都会对焊接接头的强度产生一定程度的削弱，而咬边还会使母材在一定程度上被淬硬。因此，发现咬边和未填满时应详细记录、上报，还应将咬边和未填满打磨消除，并进行表面无损检测。

5 压力容器目视检测作业指导书案例

由于本书是初级教材，初级检验员不需要编制作业指导书，只是执行指导书规定的检查作业，因此在这里我们只是结合标准介绍对作业指导书案例的执行过程。行业标准 JB/T 4730.7—2011《承压设备无损检测 第 7 部分：目视检测》是检验员应该熟读并掌握的标准。检验员在检验实践中应逐步理解标准中各个方面的要求。

5.1 球形储罐目视检测作业指导书

球罐是压力容器检验中一个比较常见的储存容器，由于它的风险比较大，因此，各个检验单位和检验员对球罐的检验都非常重视。为便于理解，我们通过一个球罐的目视检测作业指导书，介绍检验员应如何理解这一作业指导书，并在检查过程中如何参照执行。作业指导书原文见本章附录。

5.2 作业指导书与标准的关系

(1) 作业指导书的第一条总则中给出了 JB/T 4730.7—2011，《承压设备无损检测 第 7 部分：目视检测》（以下简称目视检测标准）中要求的适用范围和引用标准、法规符合标准。

(2) 作业指导书的第二条检测人员中对检测人员资格进行了规定。符合目视检测标准中要求的检测人员资格。

(3) 作业指导书的第三条检测仪器设备中对检测工具的要求符合目视检测标准中要求的检测器材。

(4) 作业指导书的第四条检测前的准备工作中说明了目视检测标准中检测时机是在第四条中的所有要求完成之后。在这一条的 12 款中还规定了满足标准要求的见证方法。

(5) 作业指导书的第五条检测作业中对目视检测标准中要求的被检件、位置、可接近性和几何形状；检测覆盖范围；被检表面结构情况；检测技术等都作出了规定。此外，提出在检验中准备的照明工具也能满足目视检测标准中要求被检表面照明要求的照明条件。

(6) 作业指导书的第六条检测记录中的规定满足目视检测标准中要求的检测记录、报告和资料存档。

由于目视检测只是球罐检验中宏观检验项目中的一个部分，因此一般不单独出报告。

(7) 作业指导书的第七条检测结果的评定要求，符合目视检测标准中检测结果的评定的要求。

5.3 作业指导书与检测作业

作业指导书只是对检测作业提出了基本的要求，检测技术还需要检验员自身的努力学习和经验积累。作业指导书中规定的检测项目在本书的第 2 章和第 3 章中都有对应的技术方法描述。但是在检测作业中，作业指导书中要求的内容是不能随便忽略的。如果在检测过程中发生什么变化，应进行技术认证并由质量负责人或技术负责人认可。

作业指导书与检验方案具有本质的区别，检验方案是要根据受检容器的特点，决定采取什么样的检测手段。而作业指导书是用来指导检验员怎样进行某一项检测的工作规范，是检验员的工作标准。在压力容器检验中，目视检测可以作为一个单一的检测项目，但是目视检测中还有许多具体的方法，在一台特定的压力容器检验中，也是要有选择地采用目视检测中的某一种方法。因此针对不同种类的压力容器，制定不同的目视检测作业指导书是很有必要的。

附录　球形储罐目视检测作业指导书

球形储罐目视检测作业指导书

编制：

审核：

批准：

编制日期：

一、总则

1. 本指导书规范球形储罐目视检测的工作内容和工作方法。

2. 本指导书适用于按照 TSG R7001—2010《压力容器定期检验规则》规定所实施的球形储罐定期检验的目视检测。对于其他性质的球形储罐目视检测，可参照执行。

3. 本指导书的编制依据如下：

（1）TSG R0004—2009《固定式压力容器安全技术监察规程》

（2）TSG R7001—2010《压力容器定期检验规则》

（3）JB/T 4730. 7《承压设备无损检测 第7部分：目视检测》

（4）GB 150《压力容器》

（5）GB 12337《钢制球形储罐》

二、检测人员

1. 目视检测负责人必须具有压力容器检验师资格，具有压力容器检验员资格的检验员可参加检测。

2. 参加检测人员应符合 JB/T 4730. 7《承压设备无损检测 第7部分：目视检测》中对检测人员的要求。

3. 检测人员在实施检测前应做过 GB 11533 规定视力测试。

三、检验仪器

1. 辅助工具

①放大镜

②光源

投影灯（也就是安全行灯，由于有一个手把，所以俗称手把灯），手电筒或头灯等。投影灯的电源必须在24V以下。

③手锤

④反光镜

⑤扁铲或刮刀

⑥测量样板

2. 测量工具

①直尺

②卷尺

③焊缝检查尺

④全站仪

测量工具在实施检测前应保证与经过检定的仪器进行过比对，并应保存比对记录。

3. 记录工具

①照相机

②粉笔、石笔、记号笔

四、检测前的准备工作与安全措施

1. 与用户协商是否拆除球罐的保温，如不拆除保温，则只能在内部检查球罐壳体和对接焊缝。球罐支座与球壳连接焊缝处最少应拆除一处，进行检查。

2. 搭设的脚手架、内部搭设满堂架。

3. 球壳内表面特别是腐蚀部位和焊缝部位，必须彻底清理干净，焊缝周围母材表面应当露出金属本体。

4. 球罐内部介质必须排放、清理干净，用盲板隔断所有液体、气体或者蒸汽的来源，同时设置明显的隔离标志。禁止用关闭阀门代替盲板隔断。

5. 盛装易燃、助燃、毒性或者窒息性介质的球罐，使用单位必须进行置换、中和、消毒、清洗，取样分析，分析结果必须达到有关规范、标准的规定。

6. 人孔打开后，必须清除可能滞留的易燃、有毒、有害气体；球罐内部空间的氧气体积分数应当在 18% ~23% 之间。必要时，还应当配备通风、安全救护等设施；

7. 检验照明用电不超过 24V，引入压力容器内的电缆应当绝缘良好，接地可靠；

8. 检验时，应当有专人监护，并且有可靠的联络措施；

9. 检验前应当结合现场实际情况，进行危险源辨识，对检验人员进行现场安全教育，并且保存教育记录。

10. 检验人员应当执行使用单位有关动火、用电、高空作业、罐内作业、安全防护、安全监护等规定，确保检验工作安全。

11. 检验负责人应在实施检查的条件下在球罐的母材、焊缝和接管等处用 0.7 的铅芯划出 2mm 长的痕迹，告知检查人员大致的位置，便于检查人员寻找，作为检查方法的验证。

12. 以上工作全部完成后，方可实施检查。

五、检查作业

1. 球罐壳体的检查

（1）对所有球壳板进行编号，并用醒目的方式在球壳板上进行标注（记录简图中的编号必须与实际编号一致）；

（2）球壳板内、外表面的腐蚀检查；

（3）机械损伤、工卡具焊迹、电弧灼伤、飞溅、焊瘤、凹坑等缺陷检查；

（4）表面裂纹检查；

（5）变形检查及变形尺寸测定。

球壳板目视检测时，所有部位应使眼睛与球壳板表面的距离不超过 600mm，且眼睛与被检球壳板表面所成的夹角不小于 30°。

2. 焊缝的检查

（1）对球罐所有焊缝进行编号，并用醒目的方式在球罐上进行标注（记录简图中的编号必须与实际编号一致）；

（2）焊缝腐蚀检查；

（3）表面裂纹检查；

（4）焊缝咬边检查；

（5）布置不合理的焊缝；

（6）焊缝对口错边量、棱角度检查与测定；

（7）焊缝余高、角焊缝的焊缝厚度和焊角尺寸测定。

大部分焊缝日视检测时，其部位应使眼睛与焊缝表面的距离不超过600mm，且眼睛与被检焊缝表面所成的夹角不小于30°。在个别接管焊缝部位，不能满足这一条件时，应使用反光镜辅助检查。

3. 接管部位检查

（1）对所有接管进行编号，并用醒目的方式在接管上进行标注（记录简图中的编号必须与实际编号一致）；

（2）接管内、外表面的腐蚀检查，直径小于200mm的接管内部必须用灯光法进行检查；

（3）机械损伤、工卡具焊迹、电弧灼伤、飞溅、焊瘤、凹坑等缺陷检查；

（4）表面裂纹检查，直径小于200mm的接管内部只能观察，按标准要求属于无效检查；

（5）变形检查及变形尺寸测定；

（6）接管法兰检查；

（7）泄漏检查。

4. 开孔补强板与球腿检漏孔、信号孔的检查

（1）检漏孔、信号孔的泄漏痕迹检查；

（2）检漏孔、信号孔的疏通检查；

5. 安全附件检查

安全附件只检查安全附件是否齐全。

6. 球腿与基础检查

（1）对所有球腿进行编号，并用醒目的方式在球腿上进行标注（记录简图中的编号必须与实际编号一致）；

（2）球腿与球壳板连接焊缝检查，检查中必须用反光镜进行辅助检查；

（3）基础下沉、倾斜、开裂情况检查；

（4）地脚螺栓的完好情况检查；

（5）球腿的铅垂度检查；

（6）基础沉降检查。

六、检测记录

1. 检查中应及时填写下表，下表中不能反映检出的缺陷应另外在附页中记录，所有检出缺陷必须在示意图中标注。

2. 检测记录填写完成后交检验负责人审核，检验负责人根据检测记录出具检测报告。

3. 检测报告与检测记录一并存档，并永久保留。

七、检测结果的评定

按 TSG R7001—2010《压力容器定期检验规则》第四章安全状况等级评定中的规定对检出缺陷进行评级。

压力容器宏观检测记录（1）

单位内编号/设备代码：　　　/　　　　报告编号：

序号	检验项目		检查结果	备　注
1	本体检查	裂纹		
2		鼓包		
3		机械损伤		
4		变形		
5		泄漏		
6		工卡具焊迹		
7		电弧灼伤		
8		过热		
9		内外表面的腐蚀		
10		封头主要参数		
11		封头与筒体的连接		
12		开孔位置及补强		
13		法兰密封面及其紧固螺栓		
14		大型容器基础的下沉、倾斜、开裂		
15		直立压力容器和球型压力容器支柱的铅垂度		
16		多支座卧式容器的支座膨胀孔		
17		排放（疏水、排污）装置		
18		多层包扎、热套容器泄放孔		
19		快开门式压力容器的安全联锁功能		
	其他			
结果：				
检验：　　日期：		审核：　　日期：		

注：没有或未进行的检查项目在检查结果栏打“—”；无问题或合格的检查项目在检查结果栏打“√”；有问题或不合格的检查项目在结果栏打“×”，并在备注中说明。

压力容器宏观检测记录（2）

单位内编号/设备代码：　　　/　　　　　　报告编号：

序号	检验项目		检查结果	备　注
1	焊缝检查 隔热层、衬里检查	裂纹		
2		泄漏		
3		腐蚀		
4		焊缝布置		
5		焊缝型式		
6		纵/环焊缝最大对口错边量	/　mm	
7		纵/环焊缝最大棱角度	/　mm	
8		纵/环焊缝最大咬边	/　mm	
9		隔热层破损、脱落、潮湿		
10		隔热层下腐蚀		
11		隔热层下裂纹		
12		衬里层的破损、腐蚀、裂纹或脱落		
13		检查孔是否有介质流出		
14		堆焊层的龟裂、剥离和脱落		
	其他检查			
结果：				
检验：　　　日期：		审核：　　　日期：		

注：没有或未进行的检查项目在检查结果栏打“—”；无问题或合格的检查项目在检查结果栏打“√”；有问题或不合格的检查项目在结果栏打“×”，并在备注中说明。

参 考 文 献

[1] 王纪兵，李军，张转连等．压力容器检验及无损检测 [M]．北京：化学工业出版社，2006.

[2] TSG R7001－2010，压力容器定期检验规则 [S]．

[3] ASME 第Ⅴ卷 无损检测 [S]．

[4] JB/T 4730.7－2005，承压设备无损检测 第7部分：目视检测 [S]．

[5] GB 11533－2011，标准视力对数表 [S]．

[6] TSG R0004－2009，固定式压力容器安全技术监察规程 [S]．

[7] GB/T 3375－1994，焊接术语 [S]．

[8] GB150－2011，压力容器 [S]．

[9] Charles J. Hellier. 无损检测与评价手册 [M]．北京：中国石化出版社，2005.

[10] 中国化工装备协会．钢制压力容器制造常规检验方法和检具 [M]．昆明：云南人民出版社，2006.

习题集

1 概论

1.1 目视检测

（1）简述压力容器目视检测的重要性。

（2）请论述压力容器目视检测与宏观检验的关系。

（3）压力容器目视检测最重要的要求是什么？

（4）目视检测的四个要素是什么？浅谈你对四个要素的认识。

1.2 压力容器检验

（1）什么是压力容器？试着举出数种压力容器的例子。

（2）简述目视检测与压力容器检验的关系。

（3）压力容器检验的意义是什么？

（4）目视检测在压力容器检验中的地位是什么？

2 目视检测

2.1 压力容器目视检测的相关标准

（1）我国有无压力容器目视检测的相关标准？如果有，请写出标准号和标准名称。

（2）JB/T 4730.7《承压设备无损检测 第7部分：目视检测》中对目视检测人员有哪些要求？

（3）JB/T 4730.7《承压设备无损检测 第7部分：目视检测》对直接目视检测中眼睛的观察距离和角度有什么规定？

（4）JB/T 4730.7《承压设备无损检测 第7部分：目视检测》对直接目视检测的照明条件有什么要求？

（5）JB/T 4730.7《承压设备无损检测 第7部分：目视检测》中对目视检测规程的基本规定有哪些？

（6）下面是一个压力容器的目视检测规程，对照 JB/T 4730.7

《承压设备无损检测 第7部分：目视检测》，详细说明规程有哪些方面不能满足标准的规定。

压力容器目视检测规程

一、为了保证人民生命财产安全，保证压力容器的检验质量，特制定本规程，在检验中参照执行。

二、检验员应具备较高的政治思想觉悟和技术水平。

三、检验员在检验中应穿戴安全防护用具，保护好自身安全。

四、检验员在检验中应吃苦耐劳，认真检查，不放过任何一个疑点。

五、所有检测工作必须满足相关法规和标准的要求。

六、检验员完成检验工作后，应打扫好现场卫生，并通知用户检测结果。

2.2 目视检测工具

（1）简述目视检测的工具有哪些？

（2）进行一个塔器的目视检测，你应该准备哪些检测工具？分别详述各个工具的用途。

（3）压力容器目视检测的工具有哪几类？

（4）试分别叙述测量工具、辅助工具和记录工具的用途。

2.2.1 测量工具

（1）压力容器目视检测的测量工具有哪些，它们的用途分别是什么？

（2）非首次检验中如无异常哪些测量工具不必使用？

2.2.2 辅助工具

（1）压力容器目视检测的辅助工具有哪些，它们的用途分别是什么？

（2）在什么情况下，要利用反光镜进行目视检测？

（3）在压力容器内部进行目视检测，对行灯有什么要求？

2.2.3 记录工具

（1）压力容器目视检测的记录工具有哪些，它们的用途分别是什么？

2.3 目视检测的准备工作

（1）目视检测前应做哪些准备工作？

（2）目视检测安全措施的目的是什么？

2.4 目视检测基本技术方法

目视检测对检测人员最基本的要求是什么？

2.4.1 常规目视检测

（1）请简单描述灯光检查法的应用实例。

（2）什么是压力容器焊缝的错边量？如何测量？

（3）什么是压力容器焊缝的棱角度？如何测量？

（4）叙述任意一种压力容器目视检测用样板的制作方法。

（5）压力容器目视检测的哪些内容需要使用样板？

（6）全站仪可以测量压力容器的哪些参数？

（7）利用内窥镜能否进行压力容器的在线检测？

2.5 目视检测记录

（1）目视检测记录都有哪些方面的工作内容？

（2）每一个检测记录中都必须填写的内容有哪些？

（3）检测中如果发现裂纹，应该记录哪些内容？

（4）绘制容器检验用示意图，最基本的要求有哪些？

（5）容器的内壁展开图与外壁展开图的区别在哪里？绘制时有什么注意事项？

（6）在外壁展开图中能否标注内壁缺陷？

（7）在展开图中标注缺陷的注意事项都有哪些？

（8）绘制一张压力容器目视检测示意图，要求含缺陷。

（9）压力容器目视检测的辅助记录方法有哪些？它们都有什么特点？

（10）照相记录的主要注意事项有哪些？

3 压力容器目视检测

3.1 压力容器目视检测的范围和内容

(1) 压力容器的目视检测，需要检查哪些部位？

(2) 压力容器筒体的目视检测内容有哪些？

(3) 压力容器封头的目视检测内容有哪些？

(4) 压力容器目视检测的内容在哪些法规中有规定？

3.2 压力容器的目视检测

3.2.1 压力容器筒体、封头和法兰的目视检测

(1) 压力容器开孔补强的目视检测内容有哪些？

(2) 压力容器的腐蚀主要有哪几种类型？

(3) 压力容器鼓包的检测有哪些技巧？

(4) 压力容器的变形怎么检查？

3.2.2 焊缝（焊接接头）的检测

(1) 什么是对接焊缝？什么是角焊缝？

(2) 压力容器对接焊缝的目视检测内容有哪些？

(3) 压力容器角焊缝主要在哪些部位，其目视检测内容有哪些？

(4) 压力容器的应力腐蚀主要发生在哪些部位？

3.2.3 基础与支座的检测

(1) 压力容器支承或者支座的目视检测内容有哪些？

(2) 压力容器基础的目视检测内容有哪些？

(3) 压力容器的支座是不是主要受压元件？

(4) 压力容器的支承都有哪些形式？

3.2.4 隔热层的检测

(1) 压力容器隔热层的种类有哪些，目视检测内容有哪些？

(2) 隔热层的施工质量是不是压力容器定期检验的内容？

3.2.5 防腐层的检测

(1) 压力容器防腐层的种类有哪些，其目视检测的内容有哪些？

(2) 压力容器定期检验中是否需要完全清除防腐层？

3.2.6 衬里的检测

（1）压力容器衬里层有哪几种，其目视检测的内容有哪些？

（2）压力容器检漏孔的目视检测内容有哪些？

3.2.7 堆焊层的检测

（1）压力容器堆焊层的目视检测内容有哪些？

（2）堆焊层上容易发现的缺陷有哪些？

（3）带极堆焊层的目视检测应注意什么？

3.2.8 密封面和紧固件的检测

（1）压力容器密封紧固件有哪些，其目视检测内容有哪些？

3.2.9 接管和法兰的检测

（1）压力容器排放（疏水、排污）装置的目视检测内容有哪些？

（2）如何对压力容器接管内部进行目视检测？

（3）为什么小直径接管的内部灯光法目视检测只能作为参考，不能直接下结论？

3.2.10 安全附件

（1）压力容器有哪些安全附件？

（2）压力容器安全附件的目视检测内容有哪些？

4 目视检测发现缺陷的处置

（1）压力容器目视检测缺陷最基本的处置方法是什么？

4.1 裂纹

（1）目视检测发现裂纹后的处置方法有哪些？

（2）发现裂纹部位为什么要进行硬度测定，有什么意义？

4.2 机械损伤、工卡具焊迹、电弧灼伤、飞溅、焊瘤、凹坑

（1）机械损伤、工卡具焊迹、电弧灼伤、飞溅、焊瘤、凹坑等缺陷的共同特点是什么？

（2）对于制造缺陷的处置方法有哪些？

4.3 鼓包

（1）鼓包产生的原因有哪些？

（2）发现鼓包如何处置？

4.4 变形

简述发现变形后的处置方法？

4.5 腐蚀

（1）腐蚀程度如何体现的检测结果上？

（2）腐蚀的处置方法有哪些？

（3）腐蚀的后续检验有哪些？

4.6 咬边、未填满

发现咬边和未填满如何处置？

5 压力容器目视检测作业指导书案例

（1）压力容器目视检测作业指导书有什么用途？

（2）作业指导书与标准的关系是什么？

（3）作业指导书与检验方案的关系是什么？

综合题

1. 简单描述一台压力容器的目视检测过程。

2. 详细举例说明一种压力容器目视检测前的准备工作，并说明每一项工作的目的和意义。

3. 编制一种压力容器的目视检测方案。

4. 详细叙述目视检测中发现裂纹后的处置方法。

5. 在墙角的桌子下拍照一张打印有8号英文字母的灰色纸，检查其清晰程度。

6. 详细说明腐蚀凹坑的测量方法和记录内容。

7. 在$\phi 59$的管子内部紧贴管壁放置一张印有完整内容的文字，检验员利用内窥镜将文字内容读出。

8. 在一台容器上用0.7mm的铅芯画出若干5mm长的痕迹，考查检验员能否一一找出，并准确记录。

中国石化出版社设备类图书目录

书　　名	定价/元
机械设备故障诊断实用技术丛书	
——机械振动基础	30
——信号处理基础	30
——旋转机械故障诊断实用技术	40
——往复机械故障诊断及管道减振实用技术	40
——滑动轴承故障诊断实用技术	30
——滚动轴承故障诊断实用技术	32
——齿轮故障诊断实用技术	30
——转子动平衡实用技术	48
——电动机故障诊断实用技术	32
石油化工厂设备检修手册	
—基础数据（第二版）	120
—焊接	52
—土建工程（第二版）	23
—防腐蚀工程	50
—泵（第二版）	58
—压缩机组	100
—加热炉	38
—换热器	50
—容器	158
—工艺管线	60
—吊装工程	35
现代塔器技术（第二版）	190
管式加热炉（第二版）	100
炼油设备工程师手册（第二版）	180
空气冷却器	118
管壳式换热器	68
换热器技术及进展	48
冷换设备工艺计算手册（第二版）	60
石油化工设备设计便查手册（第二版）	70
石油化工常用国内外金属材料手册	160
喷嘴技术手册（第二版）	60
石油炼厂设备	80
炼油设备基础知识（第二版）	36
实用压力容器知识	25
石化行业压力容器安全操作培训读本	32

书　　名	定价/元
炼油工业技术知识丛书	
—炼油厂动设备	35
—炼油厂静设备	35
—电气设备	25
防爆电机长周期运行与检修	15
石油化工厂设备检查指南（第二版）	98
石油化工厂设备常见故障处理手册（第二版）	48
石油化工装置设备腐蚀与防护手册	90
炼油化工设备腐蚀与防护案例	60
机械设备故障诊断实用技术	48
工业泄漏与治理	20
石化装备流体密封技术	38
不停车带压密封技术	18
带压堵漏技术	18
焊接残余应力的产生与消除	35
压力容器安全评定技术基础	25
压力容器焊后热处理技术	22
自行式起重机吊装实用手册	30
设备检修安全	60
机泵维修钳工	68
环保设备原理与设计（第二版）	68
中国石化设备管理制度汇编—炼化销售分册	40
中国石化设备管理制度汇编—油田分册	55
石油化工设备技术问答丛书（已出20余种）	
工业汽轮机技术	98
工业锅炉技术	68
化工管道安装设计	36
含缺陷承压设备安全分析技术	45
石油化工装备成套技术	20
化工机械与设备概论	32
压力容器安全工程	24
机械密封技术及应用	60
过程装备密封技术	35
过程装备制造工艺	39.8
压力容器安全技术	48